「きぼう」のつくりかた

Project Management of
"Kibo" International Space Station
Japanese Experiment Module

国際宇宙ステーションのプロジェクトマネジメント

長谷川義幸
Yoshiyuki Hasegawa

地人書館

「きぼう」のつくりかた　目次

第三部　我々は「きぼう」から何を得て、どこへ行こうとしているのか？

第一部

「きぼう」はいかに作られたのか？

第一章　国際宇宙ステーション前史

アポロ計画と米ソ冷戦

第二次世界大戦中にドイツが開発しロンドンに撃ち込んだ世界初の弾道ミサイルV2型ロケット、その製作に携わった科学者達は、大戦後ソ連とアメリカに渡った。彼らの技術を元に、その直後から米ソ間で宇宙を目指した競争が本格化。先手をとったのはソ連だった。一九五七年一〇月、人類初の人工衛星「スプートニク一号」が打ち上げられた。

当時、原爆や水爆の開発でアメリカは常に先行していたが、すぐにソ連は追いついた。そしてこの人工衛星で形勢が逆転した形になった。これにはアメリカ国民だけでなく世界中が大きな衝撃を受けた。いわゆる「スプートニク・ショック」である。アイゼンハワー政権はアメリカの科学技術力と国際的立場について内外から激しく追及された。そして、米国のミサイル開発と宇宙開発の加速が求められ、直ちに国家航空宇宙法が成立し、NASA（National Aeronautics and Space Administration／アメリカ航空宇宙局）が設立されることになった。

冷戦という国際環境の中で、宇宙開発能力は次第にアメリカの国際的立場に影響する重要な戦略的要素として認識されるようになってきた。偵察衛星などの軍事目的の開発競争も激化したが、米ソ冷戦の中で最大のテーマとなったのは「どちらが先に月にゆくのか」であった。

一九六一年五月、ケネディ大統領は米国議会でNASAによる人類初の月着陸計画推進を発表した。アポロ計画である。大統領は「一九六〇年代の終わりまでには人間を月に送り込み、安全に地球に帰還させるというプロジェクトにアメリカはコミットすべきだ」と宣言した。この力強い演説はアポロ計画へむけて米国を団結させた。だが、この演説の前半で、大統領はソ連の宇宙計画が突きつける課題について、より本質的な部分に触れ、次のように述べている。

「自由と暴政をめぐって世界各地で展開されているソ連とのライバル競争に我々が勝利を収めるつもりなら、一九五七年のスプートニク同様に、我々の宇宙探査という冒険が自由主義か共産主義かどちらの道をえらぶべきかの決断を下そうとしている世界の人々に与える衝撃は非常に大きいことを認識すべきだ」

ケネディの演説は単に宇宙プロジェクトの進化や成果の実現を求めただけでなかった。これを共産主義との戦いにおけるスローガンとしたのである。もちろん「月にアメリカ人を送り込もう。この衛星は探索するにはこの上ない対象だ」と付け加えている。

当時、米国内では、ケネディ大統領の対外政策における指導力の無さを非難する声が高まっていた。アポロ計画の決定の背景には、米国の国際的立場、ケネディ政権の国内における信用を大きく傷つけた二つの出来事があった。一つ目は、ソ連の世界初の有人宇宙飛行の成功。一九六一年四月、ソ連のガガーリンが地球一周して無事帰還。スプートニクに続き米国は有人宇宙飛行でもソ連に先行を許した。二つ目は、同月にソ連への依存を深めるキューバのカストロ政権の転覆を狙ったCIA秘密作戦が失敗したことである。

一九六二年、アメリカとソ連を核戦争の瀬戸際まで追い込んだ「キューバ危機」は世界を震撼させたが、まさにこのアポロ計画の演説の直後に起きたことである。現在のキューバと米国の五〇年越しの雪解けムードは隔世の感があるが、当時キューバは東西冷戦の最前線だった。

ケネディの宇宙政策には、「米国の国際的地位を回復させるためのアポロ計画」と「米ソ対立を改善させる外交手段として宇宙協力の模索」の二つの側面があった。ケネディ大統領は、アポロ計画決定後も米ソ共同の月探査計画を提案している。

アポロ計画は開発に多くの難題を抱えたが、一九六九年七月アポロ一一号で人類初の有人月面着陸を成功させた。アポロ計画の詳細については、多くの優れた文献があるのでここで詳しく述べることは避ける。

アポロ計画は、米ソ冷戦のさなか、アメリカの国力がピークにあるときケネディの政治決断でスタートし、その予告通り人類は月面に立った。しかしその後ニクソン大統領はアポロ計画の後半を認めず、一九七二年一二月のアポロ一七号の月着陸をもって中止した。当時ベトナム戦争出費による財政不安がつのった社会・政治情勢、およびアポロ宇宙船運用自体のコスト増大と国家の投資と効果の説明ができなかったためである。

アポロ計画の成果はまず大型事業を推進してゆくシステムエンジニアリングとプログラムマネジメントとよばれるプロジェクト管理手法が集大成されたことであり、その後のビジネスのあらゆる分野（IT、プラント建設、鉄道、船舶・航空機、安全保障、医療分野等）でこの手法が活用され効果をあげている。

また、アポロ計画のロケットや宇宙船で開発された装置（ランデブーとドッキング誘導技術ほか）や設計開発手法（構造解析技術、超集積回路技術、部品材料管理技術等）は多くの分野で応用されている。

そして、このアポロ計画で培われたシステムエンジニアリングと技術はその後の宇宙開発、スペースシャトルプログラムと国際宇宙ステーションに引き継がれていくことになった。

アポロ・ソユーズドッキング計画とスカイラブ

一九六九年、NASAのトマス・ペイン長官は、米ソ宇宙協力推進のため、ソ連科学アカデミーとの交渉に赴いた。アポロ一一号の成功の後、ソ連は米国との協力に前向きになってきていた。米ソの目玉は、宇宙飛行士の安全確保および救助を目的とした両国の有人宇宙船のランデブー飛行とドッキングの実現だった。一九七一年一二月、国務省報告書に「我々は、米ソ宇宙船のドッキング計画が対外政策上、実質的な利益を生み出すと信じている」と記載された。

一九七二年五月、モスクワ米ソ首脳会談で、第一次戦略兵器削減条約と弾道弾迎撃ミサイル協定を締結。同時に、米ソ宇宙協力協定が締結された。そして一九七三年三月第二回米ソ首脳会談の共同声明で、アポロ宇宙船とソユーズ宇宙船をドッキングさせることが発表された。ニクソン政権のデタント外交と宇宙政策における国際協力は連動していた。

その後、一九七五年七月にアポロとソユーズをドッキングさせてハッチが開かれ両国の飛行士が宇宙空間で握手し、米ソデタントにおける宇宙協力の政治的重要性を世界にアピールした。

一九七三年五月、NASAはアポロ計画中断で不要になった大型有人ロケット「サターンV型」の第三段目を宇宙実験棟に改修して三人の宇宙飛行士を搭乗させる「スカイラブ」を打ち上げた。地球との往復にはアポロ宇宙船が用いられた。これが実質的に米国初の宇宙ステーションになった。数か月の宇宙滞在による経験ではあったが、人間の生命維持、宇宙医学、長期滞在型宇宙船のさまざまな異常事態への対応、宇宙実験の経験が、国際宇宙ステーション(ISS: International Space Station)を構想・設計・運用する上で大いに役立つことになった。

ポストアポロ計画

ＮＡＳＡ内部では一九六〇年代の終わりからポストアポロ計画として「宇宙基地と月面基地」「火星探査」「宇宙基地とスペースシャトル」の三つの構想検討が始まっていた。当時、宇宙ステーションはまだ「宇宙基地」と呼ばれていた。

実はこの時、日本はＮＡＳＡから計画への参加を打診されている。一九六九年一〇月、アポロ一一号の偉業達成の直後、ＮＡＳＡのペイン長官は欧州・カナダ・日本・オーストラリアに宇宙基地とスペースシャトルを中心としたポストアポロ計画への参加を呼び掛けた。日本は宇宙開発事業団（ＮＡＳＤＡ）が設立されて二週間という時期であった。当時の日本には、まだ有人宇宙計画に参加できるような技術力はなかった。

一方、欧州では宇宙機関の統合がようやく始まったころであった。ＮＡＳＡのペイン長官はポストアポロ計画に欧州も参加しないかと誘った。そして、アポロ計画より経済性に優れており、再利用型往還機によって衛星打ち上げコストを十分の一に下げるなどの最新の技術を盛り込んだ計画を披露した。検討している欧州の次期宇宙計画との格差は大きかった。欧州はポストアポロ計画への参加について詳細に検討を行った。

米国との紆余曲折の交渉の結果、欧州は一九七三年四月、スペースシャトルに搭載する有人実験室「スペースラブ」の開発で協力に合意、また一九七五年にカナダはシャトルの遠隔ロボットアームの開発で合意した。日本は残念ながら技術的に参加できるレベルになかったため、参加を断念した。

なお、欧州が開発した「スペースラブ」の最初の有人実験室は、欧州の宇宙飛行士に搭乗機会を与えることと引き換えに無償でNASAに引き渡された。二つ目の実験室はNASA自体が使うため欧州から購入している。国際宇宙ステーションでの科学研究が本格的に行われるようになり、一九九八年に引退するまで「スペースラブ」は二五回使われた。日本は、この「スペースラブ」を利用した材料科学と生命科学実験に参加。その搭乗科学者として、毛利衛宇宙飛行士や向井千秋宇宙飛行士を採用し三回の搭乗を行っている。

NASAは前述のポストアポロ計画の三つのプログラムのうち「宇宙基地とスペースシャトル等を含んだ計画」を提案していたが、一九七二年一月、ニクソン大統領は予算上の制約からシャトルの開発のみ承認した。シャトル計画への承認は米国国防省がこの計画を支持したことが大きかったといわれている。ニクソン大統領が計画を承認した当初はシャトルを四機整備し、一九八〇年代から一九九〇年代に合計六〇〇回の飛行をすると想定されていた。しかし、いったんはキャンセルされたもののNASAはいつか本格的な宇宙基地計画を復活させたいと考えていた。シャトル単独では実現できないミッションとして構想されていたのは静止軌道上ならびに低軌道上における大型構造物（宇宙基地）の建設であった。

一九七五年にNASAは、将来計画として以下の項目を宇宙基地を用いたミッションとして選定している。

①人間が宇宙で作業する際の組立て、保守と補給基地（大型アンテナによる通信、大型望遠鏡による天体観測、大規模な太陽発電と送電、新材料製造のミッション等）

②軌道間移動基地および地球への帰還の補給基地

③無人人工衛星の回収、修理と再使用

④人工衛星や他の宇宙システムの統合管理

ＮＡＳＡはこの宇宙基地の建設について二つの宇宙センターで別々のアプローチによる検討作業を開始した。ジョンソン宇宙センターでは、全く新しい設計と技術を取り込んだ大型宇宙施設を一気に開発する方法が検討された。一方、マーシャル宇宙飛行センターでは、既存の技術を極力利用した無人のプラットフォームに実験装置と熱制御、環境制御等の有人支援機能を付加する短期間の有人滞在型宇宙船の開発を行い、その後時間をかけて長期間有人滞在型にするアプローチが検討された。

レーガン大統領の「宇宙基地」

一九八一年にレーガンが大統領に就任、強いアメリカをスローガンに経済政策レーガノミックス及び「宇宙輸送、宇宙科学・応用および技術における米国のリーダーシップを維持する」との国家宇宙政策を発表した。

国際宇宙ステーション計画が正式にスタートしたのはその翌年の一九八二年五月。前年に初飛行に成功したシャトル計画は三回の試験飛行を行って実用飛行に入るところまでこぎつけ、ポストアポロ計画として推進してきたシャトル計画にめどがついたところであった。

ＮＡＳＡは次の大型プロジェクトの最優先項目として宇宙実験、観測、宇宙工場での新素材製造等の将来における宇宙環境利用の場、将来の月や惑星探査の中継基地として宇宙基地建設計画を全面に押し出した。

ワシントンＤＣのＮＡＳＡ本部内に宇宙基地をＮＡＳＡ全体のプログラムにするための特別作業チーム（タスクフォース）を設置し、ジョンソンとマーシャルの両宇宙センターの検討をもとに本格的に概念設計を開始した。

一方、米ソに大きく遅れた欧州は、米ソと個別に協力しつつも長期的には自立することを志向し、国際協力を続けながらも着実に独自の宇宙技術の開発を続けていた。その一環としてシャトルで打ち上げ、宇宙で放出して長期間宇宙実験・観測する無人プラットフォームの研究開発に着手していた。シャトル搭載の有人宇宙実験室「スペースラブ」で経験を積んだ欧州はさらに一歩先をいこうとしていたのである。

ＮＡＳＡはこうした状況を踏まえ、宇宙基地建設を国際協同の計画にして一九八二年六月、欧州・カナダ・日本などの西側友好国へ参加を要請した。またＮＡＳＡは民間への協力も仰ぎ、一九八二年八月から翌年四月までの間、米国の宇宙関連企業八社に宇宙基地ミッション要求検討を行う契約を結んだ。

当時の時代背景としては、一九七九年のソ連によるアフガニスタン侵攻をきっかけに、米ソデタントの時代は終わり、新冷戦時代に入っていた。米ソが緊張していた一九八三年初頭、レーガン大統領はソ連からの大陸間弾道ミサイル（ＩＣＢＭ）攻撃に対抗して宇宙に防御システムを配備する戦略防衛構想（ＳＤＩ）を発表した。これに対してソ連は、核戦争の脅威を拡大するものと猛反発してきた。当時は知り得なかったことであるが、実際には、ソ連は軍備費の負担が重くなりすぎてＳＤＩに対抗する経済的な余裕はすでになかった。

レーガン政権は、一九八二年七月に国家宇宙政策を策定した。その内容は、

①宇宙開発分野における米国のリーダーシップを維持する
②非軍事の宇宙活動および関連活動において民間の投資と参加を拡大する
③米国の国益にかなう国際宇宙協力を推進する
④安全保障と人類の福祉の強化活動のために宇宙空間の自由を維持するため他国と協力する

というものである。

一九八三年一二月、ＮＡＳＡジェームズ・ベッグス長官は、「今日、シャトルは米国を宇宙における指導的国家にしている。明日の宇宙における優位は、宇宙基地により達成される。また、ソ連は人

類最初の宇宙基地「サリュート計画」をすでに進めており、今後さらに大きな宇宙基地計画を行うことが予想される」とレーガン大統領に直接訴えた。

一九八二年六月、NASAベッグス長官は中川一郎科学技術庁長官に対して宇宙基地計画の研究段階から参加することを要請した。これを受けて、我が国は、国内に宇宙開発事業団を中心として宇宙関連企業等からの技術者を含めた検討チームを作り、宇宙基地参加に向けた検討を始めた。また、政府は同年八月に宇宙開発委員会に宇宙基地特別部会を設置し調査審議を開始した。

検討は、オールジャパン体制で臨むこととされ、科学や応用等の研究者、産業界、政府機関（日本電信電話公社、電波研、宇宙研、宇宙開発事業団ほか）が参加した作業チーム作りが急ピッチで進められた。

一方で日本は宇宙開発技術の多くを米国から導入した。米国が日本に技術供与を許可した背景には当時のアジア情勢が大きく関連している。一九六四年に中国が核実験に成功したため、日本も安全保障と国家の威信のため核兵器とミサイルを保持する方向になるのを米国政策当局は危惧していた。中国が自由主義国の日本より科学技術において優越する印象をアジア諸国に与えないようにして、アジアの共産化防止のための政策をとる必要に迫られたのである。そこで、核兵器の代わりにミサイル転換しにくい液体ロケット技術を日本がもつことが妥当と判断し、一九六九年日米交換公文により米国はソー・デルタロケット技術（機密扱いではない液体ロケット）を日本に供与することとなった。ただし、その条件として次の内容を求めた。
①ミサイル拡散を防ぐため第三国に対する厳格な輸出管理をすること
②米国が提供する技術やリスク管理を平和目的のみに利用すること
③米国が開発した通信衛星システムを利用した全地球ネットワークであるインテルサットへの完全な協力

日本はアジアで最初に人工衛星を独自で打ち上げ、米国からの導入技術を活用しつつも、実用衛星の開発利用でアジアの先端を走っていた。当時の日本は、世界最先端の宇宙技術である国際協力の有人宇宙活動に参加することは宇宙関係者の悲願であり、乗り遅れまいとの雰囲気が強かった。経済的にも技術的にも海外先進国に対して「追いつき、追い越せ」が日本のあらゆる分野の目標だったのである。しかし、米ソしか持っていない高度な有人宇宙技術、宇宙での人間活動についての研究は大きく遅れており、日本人が宇宙で飛行するのは一九九二年に毛利衛宇宙飛行士が搭乗したシャトル宇宙実験（SL-J：Space Laboratory-Japan）を待たなければならなかった。

米国の宇宙基地計画に積極的に参加し相応の分担をすることは宇宙開発分野で実力をつけてきた先進国日本としての役目であり、同時に日本にとっても、日米友好と国際協力、高度技術の獲得、次世代のための科学技術開発、将来の宇宙商業化等のさまざまな利益をもたらすと考えられた。また、有人宇宙実験棟を提供することにより宇宙基地の利用技術、有人サポート技術、大型宇宙構造物の組立技術を習得する大きなチャンスが得られ、これらは二一世紀に展開される宇宙活動の基盤となることが期待できた。

一九七八年に制定された「宇宙開発政策大綱」では、有人宇宙実験は国際協力で行うという方針が示され、責任を持ち目に見える形で参加するとされていた。同大綱は二トンクラスの静止衛星を打ち上げることができるH—IIロケットの自主開発を目玉としているので、有人技術の習得を日本独自で行うには予算と要員の不足の面からも制約があるが、有人技術は日本にとって非常に重要な技術であり、国際協力で習得することとなったのである。

日本の参加表明

一九八四年一月、在任二期目に入ったレーガン大統領は一般教書演説で「次なる大きな目標は、新しいフロンティアを開拓すること。そのため、恒久的な有人宇宙基地を十年以内に建設する」とぶち上げた。宇宙基地は新しい政策の目玉の一つだった。レーガン大統領は年頭教書演説直前に、中曽根首相に親書を送り、宇宙基地計画への協力を要請していた。

日本政府ではこの親書を踏まえて議論が一気に加速することとなった。なお、同様の書簡が西ドイツ、フランス、英国、イタリア、カナダの首脳あてに出されていた。同年三月、NASAベッグス長官が日本を訪問、中曽根首相、科学技術庁長官等日本の首脳と会談、首相からは、日本の宇宙開発は

図1-1　ロンドンサミットでの宇宙基地提案

平和利用に限られていること、六月のロンドンサミットで提案があれば検討のための共同作業に参加する旨の回答をしている。

この時代、米国は経済的に沈滞し技術的にも日本が急迫、また、自動車等の米国への輸出で日米通商問題が発生していた。さらに宇宙開発分野では米国からの技術導入で実用ロケットの開発をしてきた日本が独自のH―IIロケットの研究開発に本格的に着手した時期に当たっており、日米友好上からも米国からの協力呼びかけに対する決定には、高度に政治的な決断が求められていた。

政府ではさまざまな観点から総合的に検討が行われ、一九八四年四月、次のような考え方のもとで、現在の「きぼう」宇宙実験棟構想で参加することが宇宙基地特別部会で審議され決定した。

①できるだけまとまった単位で国際協力すること

②日本の研究者の船内と船外の実験・研究利用要求をカバーすること
③有人宇宙技術を修得できること
④軍事利用と混在しないこと
⑤ロボットアームを備え、無人の宇宙実験衛星にサービスを提供すること

このような点を考慮にいれ、日本独自の有人宇宙実験モジュール開発と利用を通じて宇宙基地計画に参加する案が具体化されてきた。

一九八四年六月、レーガン大統領はロンドンサミットでも宇宙基地を俎上にあげた。これは冷戦期の米ソ宇宙競争において、ソ連が優位に立つ有人宇宙滞在に対抗することが大きな目的の一つだった。さらに、米国主導の宇宙基地を西側諸国の国際協同プログラムとして展開することで、「国家の技術力の証明」をし、「ソ連共産主義に対する西側諸国の連携強化」と「米国のリーダーシップを誇示」という政治デモンストレーションでもあった。また、国内向けにはシャトル開発に区切りがつき米国の航空宇宙産業への新たな投資を行うためでもあったのである。

計画への参加を打診された各国は相次いで参加を表明した。まず、一九八五年、欧州は独自の宇宙ステーション「コロンバス計画」の宇宙実験棟を宇宙基地計画に振り向けることを決定。続いてカナダがシャトルのロボットアームを発展させた移動型ロボットアームをもって参加することを表明した。

日本は、独自の宇宙実験棟の提供をもって予備設計に参加することを表明した。一九八五年四月内閣総理大臣の諮問機関である宇宙開発委員会の「宇宙基地特別部会」は、一九八五年からの予備設計への参加方針「宇宙基地参加に関する基本構想」報告書を発表した。ここには宇宙基地への参加の意義が述べられている。

①有人宇宙技術等の高度技術の修得
②次世代の科学技術の促進と宇宙活動範囲の拡大
③国際協力への貢献
④宇宙環境利用の実用化の促進

一方NASAは、一九八四年七月宇宙基地計画推進方法として三階層（レベルA、B、C）の組織マネジメントを発表した。

レベルA：NASA本部で、プログラムの方針と指示
レベルB：ジョンソン宇宙センターで、プログラム管理と技術のインテグレーション
レベルC：マーシャル宇宙飛行センター他NASAセンターで各々のプロジェクト管理

つまりジョンソン宇宙センターが宇宙基地プログラムの全体のまとめ役であった。

こうして、後に国際宇宙ステーションと呼ばれることになる宇宙基地計画はスタートすることになったのである。しかし、その実現は決して平坦な道ではなかった。

第二章　史上初の大規模国際協同プロジェクト

米国の事情に翻弄された予備設計

レーガン大統領の宇宙基地計画がスタートした一九八〇年代前半、一ドルは二五〇円前後で日本は国としてまだ成長途上だった。宇宙開発では米国から技術導入したN―IIロケットを打ち上げている段階で、宇宙開発では二〇年以上遅れていると思われていた。米国では、N―IIロケットは米国のデルタロケットのコピーであるとして〝ジャパニーズ・デルタ〟と呼ばれていた。

有人宇宙開発の分野では、日本がまだ経験していない有人宇宙技術習得の一環としてシャトルへの日本人搭乗を進めることになり、一九八四年一二月、日本最初の宇宙飛行士候補者三名（毛利衛、向井千秋、土井隆雄）が選ばれた。さらに、日本は一九八五年五月に、宇宙基地予備設計の了解覚書（フェーズB）に署名し、日本実験棟を提供することで参加を表明した。これにより、本格的に有人宇宙技術を習得するため、シャトルの宇宙実験に参加して実験技術や宇宙飛行士関連手法を取得しながら、宇宙基地計画への参加によりエンジニアリング技術と大規模国際マネジメント手法の習得を始めることになった。

ＮＡＳＡ主導の国際協力でスタートした宇宙基地計画は、一九八五年七月、予備設計の最初の本格的な国際調整の場として宇宙基地基準概念第一回更新審査会がジョンソン宇宙センターで開催され、ここに初めて参加各国のプログラム担当者が参加し国際間の技術調整が始まった。

この会合において、今までＮＡＳＡが検討を進めてきた宇宙基地本体の概念についての絞り込み、およびこのコンセプトに対して新たに参加することになった日本、欧州、カナダの国際パートナーの提案を盛り込む作業も始まった。二〇〇九年八月三日付けの『産経新聞』記事『「きぼう」から未来へ』によれば、この当時、日本の構想の概要をＮＡＳＡに説明した日本の技術責任者は、「本当に大丈夫か？」と念を押されたと回想している。欧州はすでにシャトル搭載の宇宙実験室をＮＡＳＡと共同で開発し、カナダもシャトルのロボットアームを開発した実績があった。こうした実績が無い日本は有人宇宙開発の新参者だった。

この審査会のまとめとして、一九八五年七月に開催された各技術面での最高意思決定会議（各国代表者も参加）である第一回宇宙基地管理会議（SSCB : Space Station Control Board）において、基地全体の形状として、電力塔型の「一本キール」と「二本キール」の二案について審議されたが結論までは至らなかった。二本キール型は、ＮＡＳＡジョンソン宇宙センターの提案の延長にある縦二本の大型支柱がある形状で、デュアル・キール型形状と呼ばれていた。これは衛星の回収、整備、補給センターとしての役割および将来の月・火星への中継基地としての計画を念頭に置いて、支柱の構造

図2-1　デュアル・キール型の宇宙基地

拡張等を考慮したものであった。

異端児扱いされた日本の計画

日本は、日本実験棟（後の一九九九年、公募により「きぼう」と命名）の概念とその根拠、潜在的な利用者ニーズ等を説明し、日本実験棟の構想をそのまま取り込むようにＮＡＳＡへ説明した。最初の大きな課題の一つは日本実験棟を宇宙基地のどこに取り付けるかであった。まだ、宇宙基地本体の形状も、人間が活動する部分の構成も決まっていない段階で、日本が希望する場所と各種設計要求の調整がＮＡＳＡとの間で始まった。続いて一九八五年一一月には第二回更新審査会が開催された。主要決定事項は、縦二本の大型支柱があるデュアル・キール型形状が全体コンフィギュレーションとして了承された。また、宇宙実験棟内圧は、〇・七気圧、〇・八四気圧および一気圧の三種類から一気圧が選ばれた。日本にとっての懸案としては、日本実験棟の取り付け位置と「宇宙棟の出口が二つあること、緊急時に安全退避場所があること」といったようなNASA要求事項の適用有無、直流か交流（二〇キロヘルツないし四〇〇ヘルツ）の電力共通化要求等が残った。

翌年の一九八六年一月から二月にかけて、ジョンソン宇宙センターにて宇宙基地インタフェース要求審査が開催され、全体システムの絞り込みと日本実験棟、欧州実験棟の取り付け位置が議論された。

NASAは全宇宙棟の両端にハッチを持たせ七個の宇宙棟を八字形に組み、宇宙棟のどこで事故が起きてもどちらの方向にも避難可能な形態を主張。出入り口が一か所しかない日本と欧州実験棟は安全面から望ましくないと批判した。当時、欧州は実験棟を数年間運用した後、宇宙基地から切り離して新規のリソース宇宙棟と結合して独立運用するという構想を持っていた。一方、NASAは米国実験棟と居住棟から組立を行い、順次棟を追加してゆく方式とするので、日本と欧州の取り付け位置はNASAの実験棟の発展を邪魔しない位置でなければならないとした。こうした各国の思惑の中で、宇宙基地内の宇宙棟の配置構成として、出入り口が一か所しかない日本実験棟をどこに結合するのかが厳しい雰囲気で議論された。NASAの主張は、火災が発生した場合、宇宙飛行士が閉じ込められて危険に晒される恐れがあるので、出入り口が二つ必要であるという理屈であった。これに対して、日本は緊急の場合には、飛行士を日本実験棟の船内保管室に乗せ、ロボットアームで接続棟に移動するシナリオまで検討し、欧州と協調して現在の形態でも安全は確保できるとＮＡＳＡを説得した。

結果、日本と欧州実験棟には出入り口の数に対する制限は課されないことになった。もしこの時にＮＡＳＡの意見に屈していたら出入り口が一つしかないロシアの宇宙棟の組み入れもできなくなっていたかもしれない。しかし、この結論がでるまでには一年以上の時間を要した。

シャトルに振り回されたプログラム

当時はまだ冷戦中でシャトルの技術データは高度機密扱いだった。シャトル貨物室のドアが開くタイミング、飛行姿勢、宇宙基地へのドッキングまでの飛行時間等の運航データは全く開示されず、日本実験棟の打ち上げ時のヒーター設計は詳細設計までできなかった。何事もシャトル中心で物事が決められた。シャトルの安全確保が第一であり、シャトル貨物室の寸法、搭載能力や重量にも制約があった。また、宇宙飛行士が長期間滞在する宇宙基地での宇宙放射線遮蔽のため、各国の宇宙棟内ラックは断面四辺に配置して遮蔽する等の要求があった。ラックの高さは無重力下の飛行士の身長を二メートルとして決め、幅はハッチ通過寸法から決められた。

一九八六年一月、シャトル「チャレンジャー」打ち上げ直後の爆発事故が起き、世界に衝撃を与えたが、宇宙基地建設に向けての検討は引き続き行われ、一九八六年二月には、電力、通信、流体、構造等の宇宙基地の実験棟間のインタフェースを設定するための審査会が開かれた。

一方、一九八六年三月には、米国政府の指示によりNASAは増加してきた資金に対し、宇宙基地プログラム資金（八〇億ドル）に対応したシステム要求に見直すことを求められ、システム要求審査を実施した。また、チャレンジャー事故の結果を宇宙基地計画に反映する勧告が出され、コスト、安全性、マネジメント等からの見直しを行う特別作業を行った。その結果、NASAは、組織体制を変更し、プログラム全体のとりまとめをする部門をジョンソン宇宙センターからワシントンDC郊外のバージニア州レストン地区に移した。

一九八七年七月には、開発提案要請が米国企業に向けて出され、一二月には担当企業を選定、いよいよ開発段階に入った。当初、全体システム／船外システムはダグラス、宇宙棟はマーチン・マリエッタ／ロッキードで、国際間とりまとめは、ダグラスが担当であった。その後、米国の航空宇宙業界は、大幅に統合されボーイングとロッキードが二大勢力を占め、宇宙基地もボーイングが主体になっていったが、この段階ではまだ複数の企業が分担して担当することになっていた。

産みの苦しみ

当時日本では、宇宙基地本体のコンセプトがぼんやりしていたため、有人宇宙の技術習得を第一の

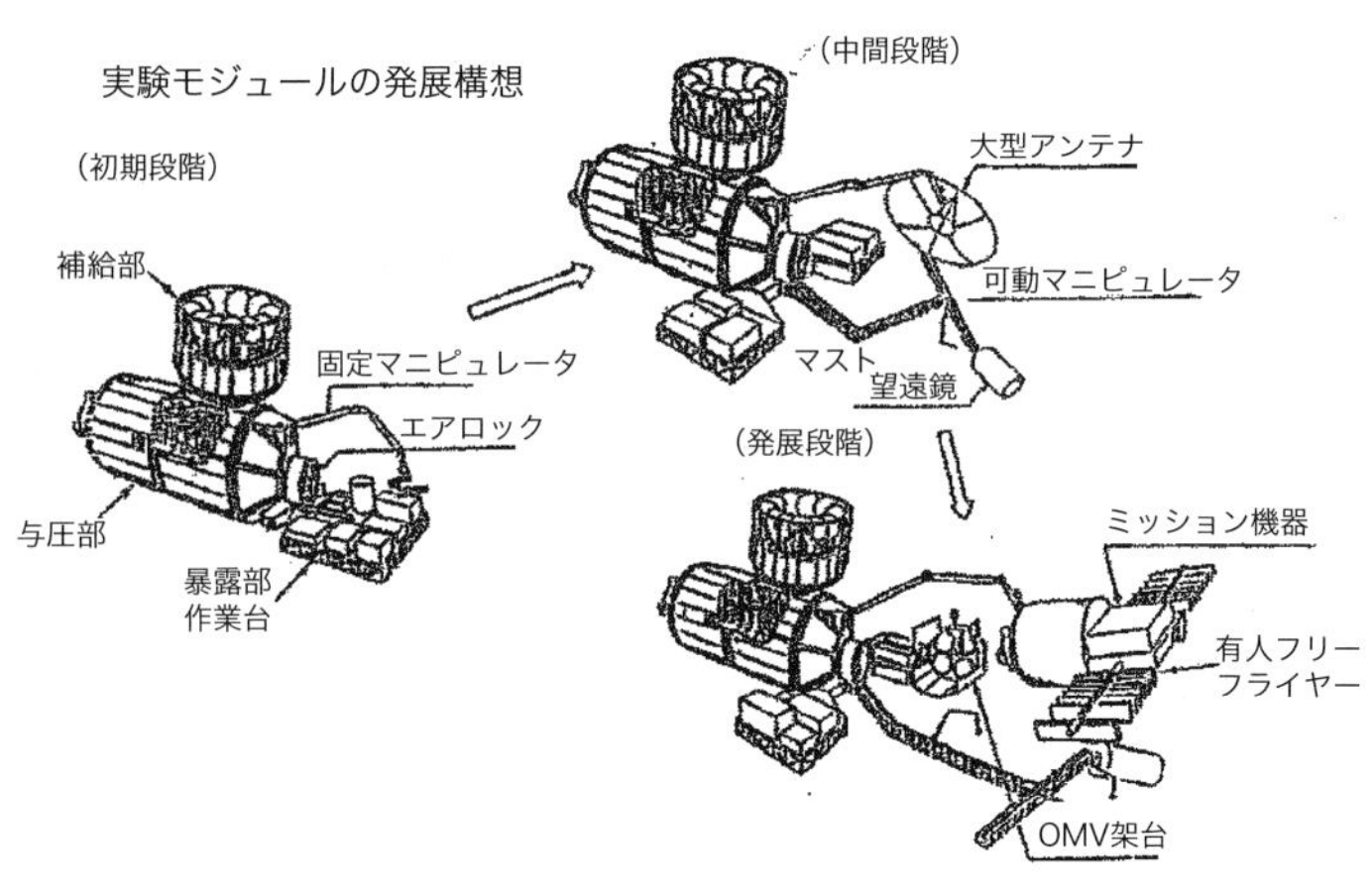

図 2-2　宇宙基地参加当初の日本の構想（「宇宙基地参加に関する基本構想」1985年 4 月、宇宙開発委員会 宇宙基地計画特別部会報告）

目的として、日本実験棟単独で全てを完結できるような機能を持たせることを目指し、NASA本体で問題が起きても独立して運用できるシステムを検討していった。いわば、日本実験棟を宇宙基地本体の設計に統合させるための構想作りであった。例えば、補給部を船内保管室と船外パレットに分ける、船内実験室の外壁に太陽電池を巻く、船外プラットフォームを二連構造にしてシャトルの打ち上げ回数を減らしコストを下げる等のコンセプト検討が繰り返された。

日本は宇宙開発事業団を中心としたグループと参加企業技術者が一体となった設計チームが結成され、都内のビルに各社が机を並べて共同で有人宇宙システムを勉強し議論しつつ技術検討するという状況であった。

しかし、壮大なプロジェクトにもかかわらず、人材が不足していた。初めての国際的な有人宇宙開発での試行錯誤と会社横断の共同作業に慣れないこともあり、多くのチーム員が産みの苦しみを体験していた。さらに、シャトルの事故の影響もあり、本当に宇宙基地が実現するのかも危ぶまれていて、不安を抱えながらの毎日であった。企業からの設計チーム員との会議に加え、事業団メンバーだけの会議があり、毎日朝早くから出勤し終電で帰るチーム員も多かった。深夜になると仕事に活気づき、遅い時には日を越してからの会議もあったが、日本全体の成長期の環境下で、先の見えない未来を切り開いてゆこうとそれぞれが青雲の志に燃えていた。

この作業は、日本実験棟の予備設計として一九八五年五月から一九八七年三月まで続いた。予備設計が完了したところで、宇宙開発委員会の宇宙基地特別部会では一九八七年七月に「宇宙ステーションの開発利用の本格化に向けて」と題する報告書を出し、開発段階の作業の進め方を示した。

この当時、宇宙基地の検討と並行して日本のシャトル宇宙実験（ＳＬ―Ｊ）の技術調整が行われていたが、このＳＬ―Ｊは有人宇宙開発未経験の日本にとって安全に関する議論がかみ合わない難物であった。ＮＡＳＡから「万が一、この装置のこの部分が故障したらどうなるのか？　故障しても安全が守られることを証明してください」との質問に、「この装置は信頼性が高く滅多に故障しない」と回答するというような具合で、安全思想の理解不足を露呈していた。

チャレンジャー事故を受けて、ＮＡＳＡはシャトルの安全基準を強化したため、安全上難しい実験の多い日本のシャトル搭載実験室には特に影響が大きかった。さらに、事故後の最初のＮＡＳＡ安全審査のトップバッターとなってしまった。

この安全審査は難関といわれたが、ミッションチームは一致団結し、見事クリアーした。この経験は、有人対応の技術調整、プロジェクト技術管理と審査手法、宇宙飛行士選抜・訓練・健康管理、外国との交渉等の面で、日本の有人宇宙活動のインキュベーター（保育器）としての役割を果たしたといえるだろう。

一方、宇宙基地の各国間での国際交渉が並行して進んでいた。当初は、各国が提供するシステムは各国が運用する「分散運用」という考えだったが、ＮＡＳＡは、宇宙飛行士の安全を考え、宇宙基地の運用はＮＡＳＡが集中して行うべきだとの考えを示した。一方、日本は分散運用を主張し、実験棟の開発はもとより、その運用はシステムの設計権限をもっている日本が行うべきであるとした。将来、いかに日本が有人技術を自分のものとし、発展させていくのかの道筋をつけるために必死の抵抗をし、「分散運用」の枠組みを了解覚書に盛り込む努力をしたのである。欧州、カナダと連携しつつ米国と交渉した結果、全体システムはＮＡＳＡが統括し、各パートナーはその提供システムに責任をもつという考えがまとまった。

一九八八年九月、宇宙基地は本格的な開発に向け日本を含む参加国の議会で承認され、国際政府間宇宙基地（フェーズＣ／Ｄ／Ｅ）協力協定（ＩＧＡ）に署名されたことで、参加国は正式に国際パートナーとなった。さらに、このIGAを受けて日米協力了解覚書に両政府が署名。国会批准にあたり、宇宙基地の平和目的利用に懸念が示されたが、一九八九年六月IGAが国会で承認された。

NASAとは、宇宙基地全体のシステムを定義する審査をはじめ、数々の技術調整を行っていたが、協力協定が締結されていないからとの理由で、何度もNASA施設から締め出された。NASA担当者は、個人的には好意的だが公式の話になるときわめて形式的だった。しかし、協定発効とともに、それまで凍結されていた予算がリリースされ本格的に技術調整作業が始まり、NASAとの関係も良くなった。

日本では、宇宙開発事業団の有識者による議論が重ねられ、その結果を踏まえて宇宙開発事業団がインテグレーターとなり、オールジャパン体制で開発を進めることが決定された。その後、宇宙関連企業八社が分担することで選定された。しかし、当時企業が一つの目標に向かって協力するという経験があまり無かったために、どのように開発を進めたらいいのか分からず、時間が過ぎるばかりで米国との調整も経験不足から遅々として進まなかった。

ソ連消滅

ソ連では、一九八六年二月、宇宙基地「ミール」を打ち上げ、ソユーズ宇宙船に「ミール」への往復飛行という新しい役目を与えた。「ミール」の成功はソ連が宇宙での長期滞在を可能とする空気や水のリサイクルシステムを完成させていることを示していた。「ミール」の宇宙飛行士は再生した空気で呼吸し、汗や尿からリサイクルされた水を利用して飛行していたが、米国の宇宙基地はまだ図面の上でしかなかった。ソ連は米国のチャレンジャーの事故に伴うシャトル飛行中断を尻目に有人宇宙活動の新しい力を誇示していた。

政治情勢では、一九八七年ソ連内部で社会・経済の抜本的な立て直し（ペレストロイカ）が始まり、年末には米ソ中距離核兵器廃棄条約が調印された。一九八九年には、ソ連のペレストロイカはどんどん進み東欧全体まで広がった。さらに一九九一年七月にはワルシャワ条約機構も解体、一二月にはソ連も消滅し独立国家共同体となった。

宇宙基地予算ゼロの危機

一方、米国では、宇宙基地予算の超過や政府財政赤字のため、議会で宇宙基地計画の見直しが何度も繰り返され、時には打ち切り動議が出される事態もあった。

一九九一年五月初旬、米国下院本会議は予算委員会が認めたブッシュ大統領の二〇億ドルの宇宙基地予算を承認していたが、五月一五日の歳出小委員会の議長は退役軍人の医療費の増加や住宅問題に対応するためには宇宙基地予算を切らざるを得ないとして、六対三で宇宙基地予算をゼロとした。さらに六月三日の下院歳出委員会も小委員会の決議をそのまま可決した。

六月四日、米国政府の要請により宇宙基地の国際パートナー国代表が下院科学・宇宙・技術委員会で証言することとなった。日本も欧州も出席した。カナダは隣国なので、米国の内紛に巻き込まれるのを避けるため米国議会には出席しないという不文律により欠席した。その代わり、駐米カナダ大使が議会や大統領府と連携して活動した。日本の代表として委員会に出席した宇宙開発事業団副理事長の証言は以下のような趣旨であった。「すでに、日本はかなりの資金を投入し企業との契約額も相当なものになっている。もし、米国が宇宙基地計画を中止すると日本にとって大変な損失である。日本の有人宇宙計画は壊滅的な状態になる。そして、今後の国際協力は難しくなるだろう」

この各国からの説得が功を奏し、一九九一年六月六日、米国下院本会議では宇宙基地計画を続ける修正案がだされ、賛成二四〇対反対一七三で可決され、七月一〇日の上院では宇宙基地予算は二〇億ドルの満額承認された。

しかし、米国の宇宙基地予算の縮小への圧力はこれでは終わらなかった。一九九三年一月、クリントンが大統領に就任、政府財政再建を優先させるため宇宙基地計画の大幅見直し(リデザイン)を指示した。これを受けてNASAは宇宙基地チームとは別に、宇宙基地見直し検討チームを設置、国際パートナーへの参加要請を行った。これを受け、科学技術庁長官、駐米日本大使、宇宙開発事業団理事長からゴア副大統領に宇宙基地支援要請レターを発出した。欧州も同様のレターを出していた。また、駐米日本大使、科学技術会議議員が大統領補佐官と会談し計画の継続を要請。一連の見直し期間中は、緊迫した状況が続くこととなった。四月には大統領府の諮問委員会であるブルーリボンパネル（宇宙基地見直し検討チームのオプションを評価する役目をもつ委員会）が発足し、日本からは齋藤成文元宇宙開発委員長代理が特別メンバーとして参加した。

また、当時のコスト低減と効率化の時代要請のもと、民間から抜擢されたダニエル・ゴールディン氏がＮＡＳＡの新長官に任命され、彼の陣頭指揮のもとで、「より速く、より良く、より安く(Faster, Better, Cheaper)」を合言葉に、今までとは大きく異なるものを含む三つの見直し案が提示された。

Ａ案：モジュール組立型／従来設計を簡素化

Ｂ案：現状の派生型／ほぼ従来設計通り

Ｃ案：中核部単一打ち上げ型／大幅な設計変更が必要で、さらに技術的に未成熟（この案は、日本実験棟の開発がなくなる可能性があった）

ＮＡＳＡのこれらの案に対して国際パートナー各国がそれぞれ高い政策レベルから意見書を提出するとともに、日本からは齋藤委員長代理、科学技術庁幹部、宇宙開発事業団幹部が渡米し、クリントン政権幹部、議会有力議員、ＮＡＳＡ長官等と会談して計画の継続性を要請、総動員の働きかけを行った。また、宇宙基地の軌道上での組み立てにクルーの作業時間が大幅に不足している問題が顕在化し、打ち上げ前にできるだけ地上で組み立てる工夫や自動化を進めることとなり、ＮＡＳＡは建設規模を縮小するとともに実験装置を削減し、シャトルの打ち上げ回数を減らした大規模な設計見直しを行った。これらの検討結果を踏まえ、同年六月ブルーリボンパネルは、大統領府に最終報告を提出した（この報告書には、後に現実となるロシアの参加を想定した答申案が一部盛り込まれていた）。

クリントン大統領は、このブルーリボンパネルの答申および国際パートナー国の意見を取り入れ、従来の宇宙基地概念を少し簡素化したA案を選定、また、ブルーリボンパネルの答申にあったNASAマネジメント体制の大幅な変更を指示することを決めた（この時の目標は、一九九八年九月に最初の宇宙施設を打ち上げ、二〇〇三年九月に完成であった）。しかし、宇宙基地リデザインの影響もあり一九九三年六月、米国下院の共和党議員による宇宙基地計画中止の修正案が出されたが、かろうじて一票差（賛成二一五対反対二一六）で否決され宇宙基地計画は生き残った。九月にクリントン大統領が上院歳出委員長に宇宙基地支援要請のレターを出すほど事態は深刻だったが、これ以降、米国議会での宇宙基地見直しの動きは収まった。

宇宙基地計画は危機に陥ったが、一方で危機が過ぎてみれば日本にとっては功を奏した面もあった。これ以降、NASA及び宇宙開発を支援している米国議会主要議員は、これらの宇宙基地リデザインでの活動や米国議会証言で示された日本の行動を評価して、安定したパートナーとして信頼を置くようになってきたからである。

米国政府、密かにロシアと交渉

ＮＡＳＡはリデザインと並行してロシアと調整を進め、冷戦後の協力関係の構築の一つとして、一九九三年一〇月にパリで開催された宇宙基地協力に関する政府間協議において、各国政府は共同でロシアに対して参加を招請した。さらに、一二月に米国ワシントンＤＣで開催された宇宙基地協力に関する政府間協議において、ゴア副大統領とロシアのチェルノムイルジン首相が、受け入れを含む共同声明を発表した。これにより、ロシアを宇宙基地に参加させることが米ロ政府間で決定した。

ロシアは有人宇宙輸送機「ソユーズ」とロシア版宇宙基地「ミール」開発、ミニ宇宙基地「サリュート」からの長期間有人滞在運用で米国以上に経験豊富であり、米国にとってはロシアが参加すればその技術を吸収でき、さらにミールそのものを組み込んで宇宙基地の機能の一部を分担させれば建設費用も削減できるという期待があった。

特に、政情が不安定なロシアを繋ぎ留めるためにも、この枠組みは有効であると判断された。ソ連時代には、核兵器の開発や製造は「閉鎖都市」で行われていた。こうした都市は外部から隔離されており存在は秘密にされていたが、豊かな生活物資が供給され、ここで働く科学者や技術者は高い報酬を得ていた。ソ連の崩壊により、これらの都市には、軍からの資金が途絶し、給料の遅配が起こった。施設の機密保持もままならず、他国が自国の核開発のために彼らをヘッドハントしたり、爆弾の燃料やロシアのミサイル技術を入手しようとしたりする動きがあった。これに対して、宇宙基地という巨大プロジェクトへの参加で、この技術流出を防ごうとしたのである。

ロシアとしては、この枠組みへの参加は少なくとも宇宙での緊張関係を回避し、軍事費を抑制、国内政治混乱と経済危機で止まっていた「ミールⅡ」の設計を活用でき、さらに有人の宇宙滞在経験は国益上有利で、米国との交渉カードとして資金を引き出すことができそうだと判断していたようであった。

米国の宇宙外交

米国にとってのロシアの宇宙基地計画への参加は、次の四つの理由で外交上不可欠なものであったと考えられる。

①政治面で冷戦終結後の国際社会にロシアをうまく取り込む必要があった
②安全保障面で旧ソ連の機器、ミサイル、およびそれを扱う科学技術者の国外への流出を防ぐ必要があった
③経済面でロシアの経済や産業が崩壊しないよう支援する必要があった
④宇宙活動の面で米国の宇宙基地計画は旧ソ連の宇宙基地技術を活用する必要があった

米国にとっても、日本、欧州、カナダにとっても宇宙基地は膨大な費用を投じた国際宇宙協力計画であったが、別の見方をすれば、国際協定や国際的友好関係を維持するために、ロシアを参加させる

ことで辛うじて継続させた国際政治の一つの手段であったとも言える。

米国はロシアに条件つきで宇宙基地の資金援助を行うことができるとした「イラン不拡散法」を適用するため、ロシアが宇宙基地計画に参加した後に、ロシアがイランにミサイル技術を拡散していないと米国議会が認定するという条件をつけた。

実際に、ロシアが本格的に参加した後、最初のモジュールである「ザーリャ」（ロシアで製作した米国宇宙棟）に対して米国はロシアに資金を支払った。その後もロシアの技術サービスとのバーターを行っている。ちなみに、これ以降はロシアが自国の資金で自国のモジュールを開発し、宇宙基地計画への貢献として継続的に予算を投じている。

宇宙開発利用の過程や成果を一国の対外政策実現に利用するため政府が意識的に行うのが「宇宙外交」であるが、このロシアと米国の関係は米国が軍備管理基準を遵守させるために宇宙民生協力を進めたという意味で宇宙外交の一端を示していると言えよう。

ロシア参加の影響

ロシア参加により計画の変更も余儀なくされた。搭乗員が四名から六名に増加し、運用期間が三〇年から一〇〜一五年に短縮された。また、高緯度のロシアの射場からロシアのモジュールを打ち上げるために、軌道傾斜角が二八・五度から五一・六度に変更になった。この影響でシャトルの打ち上げ能力が下がり、各国の宇宙棟を複数回に分けて打ち上げる必要が出てきた。ＮＡＳＡはロシアから特殊溶接技術を導入しシャトルの外部タンクの重量を減らし、打ち上げ能力向上の努力をしたが、このギャップを埋めることはできなかった。日本もこのあおりを受け、当初の日本の計画はシャトル二回の打ち上げで完了の予定であったが、三回に分けての打ち上げになった。さらに、船内実験室にすべての装置を搭載したままでは打ち上げられず、一部を船内保管庫に入れて先に打ち上げることとなった。

当初は、第一便でロボットアームを装着した船内実験室を、第二便で船内と船外の保管室と船外実験プラットフォームを打ち上げ、これらを宇宙で順次組み立てる予定だった。しかし、シャトルの打ち上げ能力の制限内に収めるため、船内実験室のシステム冗長機器を船内実験室より先に打ち上げる必要があり、日本実験棟の打ち上げをシャトル三便に分割して打上げることになった。また、専用便は一便のみで他は米国やカナダと相乗りとなった。国際調整の結果、第一便でシステム冗長機器と実験装置、第二便でロボットアームを装着した船内実験室を、第三便で船外実験装置を搭載した船外保管室と船外実験プラットフォームを打ち上げ、これらを宇宙で順次組み立てることになった。このような影響はすべての参加機関に共通した問題で、技術的な設計の変更には、試験や解析、国際調整が何十回も行われ合意に達するには相当な時間がかかることになった。

さらに、日本のモジュールの位置が以前の配置より悪くなり、進行方向から飛んでくる宇宙のごみ

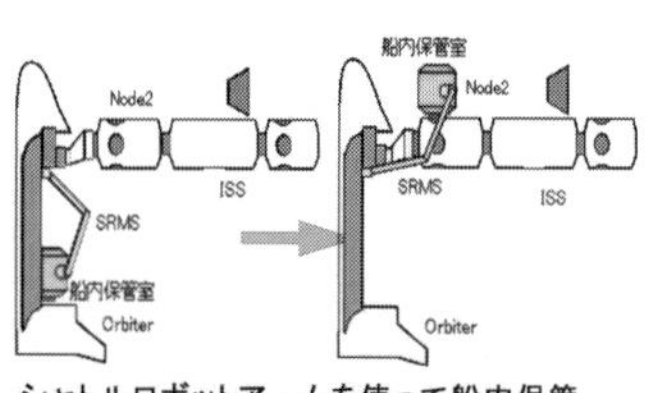

シャトルロボットアームを使って船内保管室をNode2天頂ポートへ移設

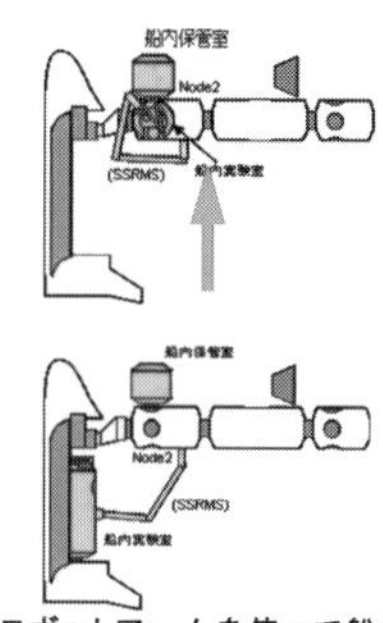

ISSロボットアームを使って船内実験室をNode2ポート側へ移設

図 2-3　きぼう組み立てプロセス

（以下、デブリ）や隕石をもろに受けることになった。このため、主構造の外側に設置しているバンパー（自動車のバンパーと同じような意味）をより強化して主構造への損傷を防ぐようにする必要が出てきた。

宇宙ステーションは、人間が搭乗するためロケットとは異なり隕石が衝突して構造に穴があくと中の空気が漏れて搭乗員の生命に危険を及ぼす。そのため、日本実験棟ではアルミ合金の船内実験室の厚さを以前より厚くして、主構造体の外側から一〇センチのところに、白く塗装したアルミ合金のパネルを構造体全周に取り付けている。さらに、その一〇センチの空間に防弾チョッキの材料になっているセラミック繊維やアラミド繊維の織布を積層にし、アルミのメッシュと断熱材などで作ったネットを張った部材を取り付けて隕石やデブリを防ぐようにしている。

防御を手厚くすると重量が増加して、肝心の実験装置や機材を実験室と一緒に打ち上げられない。このため、主構造体の外

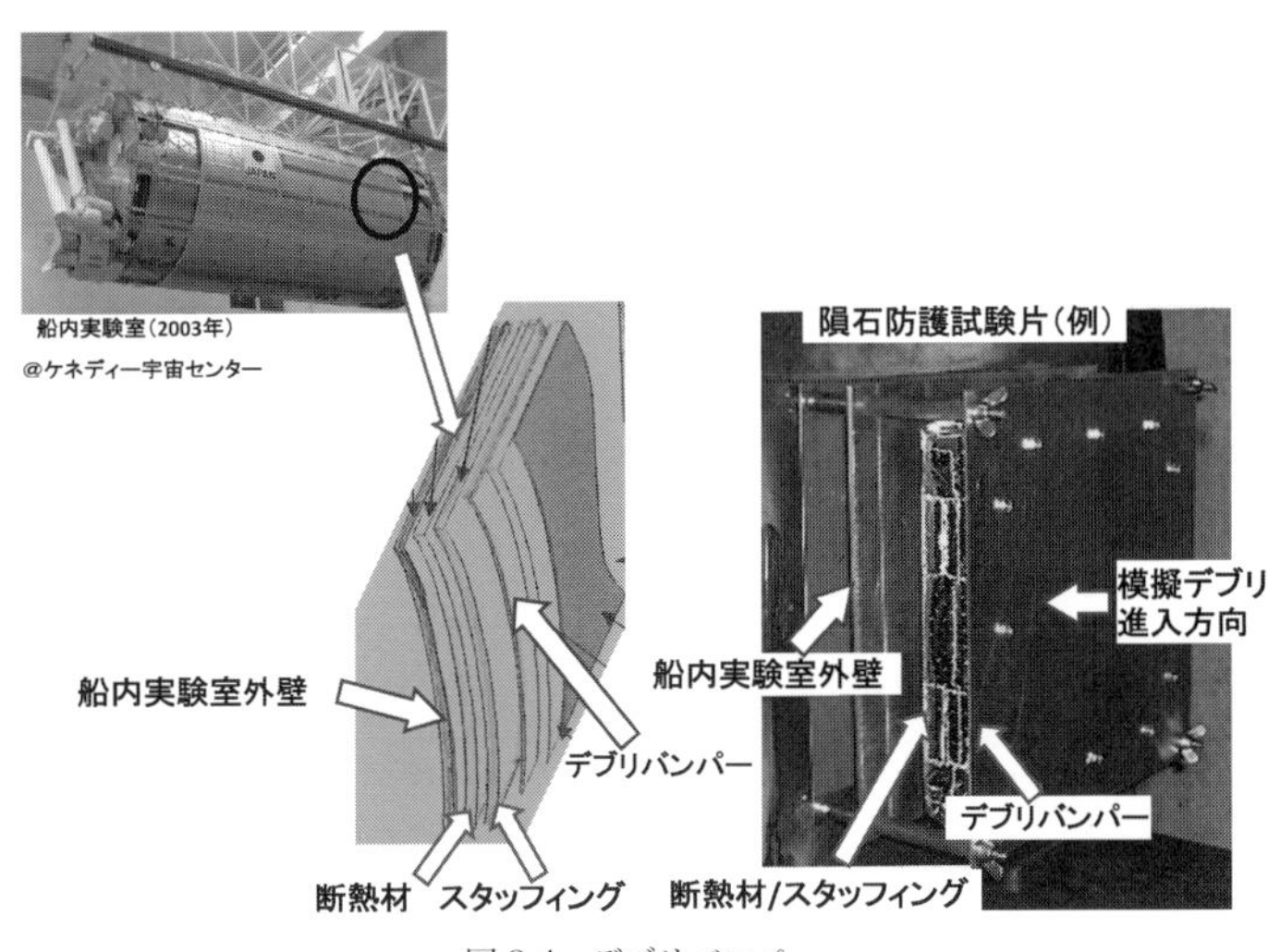

図 2-4　デブリバンパー

壁の板厚、バンパーの板厚と、この部材をどの範囲でとりつけるのか、が大きな問題になった。

隕石・デブリ防御性能は、「非貫通確率」の形で要求されている。これは一〇年間運用した場合に隕石・デブリが船内実験室外壁に衝突しても貫通穴が生じない確率を規定したもので、日本の船内実験室と保管室を合わせた非貫通確率は〇・九七三八以上となっている。この非貫通確率の計算は、主構造体の形状、軌道上の隕石・デブリ分布モデル、アルミ球に対する衝突速度と貫通限界直径の関係を示したバンパー貫通限界曲線から行う。貫通限界曲線の性能を確認するため、実際に秒速三キロから七キロで高速衝突試験を何十回も行い、最終的には、主構造体の板厚は当初の厚さ三・二ミリから四・八ミリとなった。

第三章　「きぼう」の開発

国際宇宙ステーション

一九九四年、ようやくロシアの提供モジュールを含めた宇宙ステーション全体構成と開発工程表が決まった。ロシアは、宇宙ステーションの中でも重要な部分である生命維持や姿勢制御に関する装置、宇宙飛行士の緊急脱出用宇宙船などを担当することになった。ここから、一五か国の参加国による人類史上初の大規模な国際協同プログラムがスタートした。そして、この段階で現在の国際宇宙ステーション（International Space Station：以下ＩＳＳ）という名称が確定した。

ロシア技術陣は、対応も固く、ＮＡＳＡも大変手を焼いていた。さらにロシアとの会議は通訳が必要になり、従来の二倍以上の時間がかかった。一九九四年三月に、ロシア参加が決まってから最初の国際宇宙ステーション管理会議（ＳＳＣＢ）がヒューストンで開かれたとき、会場に同時通訳装置が設置された。この装置はロシア代表のためのものだった。それまでは宇宙基地計画での公用語は英語だったので、日本人も会議では英語で参加しなければならなかった。現在まで、同時通訳はロシア語だけである。「腐っても鯛だな」と当時のヒューストンでは語られていた。その後、ＩＳＳに参加するロシア宇宙飛行士もヒューストンに住むようになり、パーティーなどで英語を話す雰囲気が徐々に醸成されていった。

既に、一九九三年にレストン設計事務所が閉鎖されジョンソン宇宙センターでＩＳＳ計画のとりまとめ（プログラムマネジメント）を行うようＮＡＳＡが方針転換し、その支援をボーイング社に委託することになっていた。このため、プログラムマネジャーはＮＡＳＡから、サブプログラムマネジャーはボーイング社から民間航空機の開発責任者が就任した。これはボーイング社の航空機開発において、設計段階からユーザを参加させた結果、設計の手戻りが少なくなり開発期間とコストの大幅な短縮が可能になった実績を買われたためであった。

また、従来のアポロ計画は、設計が終わってから審査を行う「段階的フェーズ移行方式」だったがこれも改められた。アポロ計画にくらべＩＳＳ計画はシステム規模があまりに大きく、各分担および各フェーズの設計作業および審査が終了せず、設計作業がうまく進まない事態が発生した。このため、新しくＩＳＳ設計とりまとめになったジョンソン宇宙センターでは、設計作業を進めながら、並行して設計審査も行う方法が採用された。

設計審査が始まると、まずパワーポイント（プレゼンテーション）形式のプリントアウト資料が配布され、随時コメントや指摘を提出し、担当者が回答してゆく。これを繰り返し一、二か月すると立派な審査資料になっていった。

ＩＳＳの設計審査は、各開発フェーズごとにコンポーネントからサブシステム、各システム、各モジュール、各国の担当実験棟へと除々に規模を大きくしながら進み、最後はＩＳＳ全体のシステムへと順々に進めていく。各開発フェーズの設計審査が終了するまでには、開始から一年以上もかかったが、それでもＩＳＳリデザイン前と比べて時間が大幅に短縮していた。

また、ＮＡＳＡゴールディン長官の「より速く、より良く、より安く」のスローガンはＩＳＳの運用にも反映された。たとえば、ジョンソン宇宙センターのシャトルとＩＳＳの両方の運用管制を行う共用のミッションコントロールセンターでは、従来のアポロやシャトル開発時代の特注品の設備から、民生品の装置やイントラネットワークに切り替え、どの端末からでもすべての機能が使えるようにしたので、故障時に柔軟に対応できる安価なシステムを整備できた。さらに、シャトル運用管制システムは二つが故障しても止まらない三つの冗長システム（Two Fault Tolerant）を有するので、二つを実運用にして、一つを試運転に供することが可能になった。

新しくロシアとの共同開発と運用が安全に実施できることを確認するため、ＩＳＳ計画の事前検証として、当時ロシアが運用していたロシアの「ミール」宇宙ステーションと、ＮＡＳＡのシャトルがドッキングするシャトル・ミール計画がまず進められることになった。そのためＮＡＳＡの宇宙飛行士もモスクワで訓練を受け、「ミール」に長期間滞在することになった。一九九四年にシャトルに初めてロシア人宇宙飛行士が搭乗、翌一九九五年には、初めてソユーズでアメリカ人宇宙飛行士がミー

図 3-1　ロシア参加後の国際宇宙ステーション

ルに滞在、また初のシャトルとミールでのドッキングが行われた。以後、ミッションが終了する一九九八年までに九回のシャトルのドッキングと七回のアメリカ人宇宙飛行士による長期滞在が行われた。

一九九七年六月、この米ソ共同のミッションの最中に行われた試験で、新型プログレス貨物船が「ミール」宇宙ステーションの太陽電池と実験棟に衝突し、ミールから空気が大量に漏れ出す事故が発生、急遽、宇宙飛行士がモジュールを隔てるハッチを閉めて対処した。パニック映画の世界が現実に起こることを宇宙関係者は実感し、リスク管理、安全管理に対する重要な教訓をＮＡＳＡの関係者にもたらした。この経験は、その後のＩＳＳの実運用に生かされ、現在までＩＳＳでは重大な事故が起きていない。

独自技術にこだわった日本宇宙実験棟

日本実験棟の開発チームは、黎明期から抜けだして成長の軌道に乗り始めたが、前例のないことが多くいまだに手探りの状態だった。今何をしなければならないのか、次はなにか、チーム員は常に考えを巡らせ行動していた。また、NASAによる度重なる設計変更など、乗り越えなければならない数々のハードルがあった。

日本と米国の技術調整の方法の違いも大きな障壁となった。米国の設計は、初めに理想とする要求を設定し、設計を進めながら、技術的に困難であったり、コスト、スケジュールが合わなかったりすれば要求を下げるという開発手法であった。これとは対照的に日本の開発は、事前に十分検討し、一度決めたらそれをやり遂げるという方法であり、全く違う米国式の開発に日本側は戸惑った。

そのような状況の中で全体構成、構造、通信、電源、ロボットアーム、船外活動、運用管制、医学運用などの多数の分野で技術的なすり合わせが行われた。

ISSを完成させるために参加国が提供するモジュールはそれぞれの国の責任において開発される。それならば、できるだけISS本体との連携が少なくなるように開発をすれば技術的な調整が最小限で済む。つまり、ISSに取り付ければすぐに動くような、独立した取り付け型の宇宙棟にすることが基本的な設計思想だった。そうすれば主体的に日本独自の有人宇宙技術を開発でき、宇宙環境を利用した実験施設での独自の研究成果も得られる。さらに、宇宙ロボットや生命維持の先端技術も蓄積できるとの期待もあった。

当然ながら本体との結合部分でうまくつながらなければならない。日本実験棟の電力はＩＳＳ本体から供給され、電気を使って発生した熱は、本体に戻して放熱される。また、データ交換のためにはコンピュータネットワークも必要となる。機械的な結合だけでなく、ユーティリティの共通仕様が設計上不可欠だった。この頃、設計担当であった企業と宇宙開発事業団のエンジニア達の具体的な苦労話を紹介しよう。

電力論争

国際協力といっても、なるべくなら自国の技術を使いたい。まず壁にぶつかったのは、電力の問題だった。米国は交流一二〇ボルトで二〇キロヘルツという高周波の電力を使いたい。日本と欧州は、人工衛星の技術で開発できる一二〇ボルト直流電源にしたい。両者の激しい応酬が起き、一年以上続いた。

国際宇宙ステーションの構想段階では、各国は人工衛星と同じように発電、蓄電、電力変換、電力分配をすべて自国の実験棟内で装備する独立の電力方式を考えていた。これは局所最適ではあるが、システム全体としては技術的にも、コスト的にもいびつになることが、予備設計が進むにつれて明らかとなった。参加国の間での開発分担の検討により、発電・蓄電を含む一次電源系は宇宙ステーション建設責任としてＮＡＳＡに委ねられ、日本、欧州はそれぞれの実験棟開発担当として、二次電源系を担当することになった。ＮＡＳＡの電力担当は、ルイス研究センター（現ジョン・グレン研究センター）で、米国宇宙関連企業（ロックウェル社、スペースシステムズ・ロラール社、ジェネラルダイナミクス社）を支援チームとして契約、小型軽量化を目指した交流一二〇ボルト、二〇キロヘルツで電力伝送するシステムを検討・試作していた。発電には太陽電池か熱機関を、蓄電にニッケル水素二次電池、電力変換に二〇キロヘルツインバータを装備し、このインバータで四四〇ボルトに変換、さらにトランスで二〇八ボルトに変換して各実験棟に配電するシステムであった。

この方式の長所は、以下の通りである。

①伝送ケーブルの重量は電圧に反比例するので、高電圧にすることは重量軽減に有効。特に、交流は電圧の変更がトランスで容易にできるので電圧を高くすることが容易

②インタフェース部にトランスを使用すると非接触コネクタにできるので、接続部の信頼度が高い

③宇宙飛行士が感電したときに人体の皮膚側に流れるので安全

④電源系の故障の際に、容易に負荷を切り離しオン・オフができること

ルイス研究センターが、これらの利点を強調したので、ＮＡＳＡ全体としてこのシステムを選定す

る雰囲気が非常に強くなった。しかし、この方式では、全ての電源インタフェースはＮＡＳＡが開発した装置を買ってきて組み立て試験することになり、先端の電源技術構築ができなくなることが予想された。実際調査してみるとＮＡＳＡの開発は決して順調ではなく、また、交流に伴う制御などで電力を受ける側にも次のような制約が多くあることが明らかになってきた。

①負荷の影響を受けやすくシステム電圧の安定度が悪い。交流制御のインピーダンス制御、力率と歪み制御などが必要

②高周波低損失伝送を実現するには、表皮効果、近接効果を低減するための特殊電力ケーブルが必要になる

一方、日本と欧州は技術的にコスト的に実現可能な既存の人工衛星の延長線として直流一二〇ボルトを提案し、ＮＡＳＡと技術論争に入ることになった。議論の対象となったのは、小型軽量化、供給電力の電磁インタフェースと品質・信頼性、有人安全性、およびユーザがどのような電力を必要とするかである。既存の宇宙技術を最大限利用することを前提に比較すると次のようになった。

①実験棟の電力配線重量は直流の方が軽い。電源装置は、重量的に同じなので、総合すると直流方式が優位

②直流は電圧・電流制御で、交流はこのほかに歪率・力率制御が必要。電磁インタフェースは、直流は低域通過フィルタのみ。交流は低域・高域フィルタであり、直流は既存技術の延長で対処ができ

るので優位
③直流でも交流でも電極の露出を設計上考慮すれば安全性は同じ
④日本のユーザは直流を希望

日本は、人工衛星で技術蓄積のある直流インタフェースにすべく、模擬回路をつくり、負荷条件を変えてデータを取得してNASAとの比較検討表を細かく作成、会議で交渉していった。結局、一年以上の大論争の末、最終的に投票で決めることになり、五つのNASA研究センター（五票）、欧州（一票）、日本（一票）、カナダ（一票）で投票し、五対三で日本の主張する一二〇ボルト直流電源に落ち着いた。

NASAは中立な立場で深宇宙研究を担当しているジェット推進研究所に最終的な技術判断を委ねることになった。その結果、以下の理由で日本と欧州の提案した直流方式を宇宙ステーションの設計基準とすることとなった。

①現在の技術では宇宙用二次電源分配装置としては直流が妥当
②部品供給業者の多くは高電圧直流に対する部品と装置開発技術を有している。RCAがすでに直流一〇〇ボルト衛星バスを開発済み
③高電圧直流を構成するすべての装置は宇宙用試作か航空機用として開発されている
④高電圧直流の安全性についてはよく理解されている

⑤ＤＣ／ＤＣコンバータを介してユーザ側の機器と接続して、ユーザが直流を制御することが容易

しかし、選定にあたっては技術的な理由よりは、むしろ政策的、コスト的な理由が大きな要因だった。米国は、日本と欧州の宇宙実験棟の使用権（米国は日本と欧州の実験棟の約半分の利用権を有している）を行使したいので、その中で使う実験装置の互換性が必要だった。また、交流電源は、開発要素が大きく、人工衛星での技術が応用できる直流に比べコストが高くなるのである。

その後、実際に開発に着手したが、実験装置とＩＳＳ本体電源系の保護のための直流遮断の手段と電源回路を物理的に遮断する装置の開発が急務になり、部品レベルからの開発となった。この開発によるノウハウのおかげで、国際宇宙ステーション補給機「こうのとり」や人工衛星にこの技術が活かされることとなった。

制御システムの操作共通化

コンピュータネットワークについても同じようなせめぎ合いがあった。ＩＳＳには、ボタンが並んだ宇宙船のコックピットというものはなく、すべての操作はラップトップコンピュータで行う。また、宇宙飛行士六名から七名でチームを組んで運用するが、各々の国が搭乗権利に基づいて交代で送り込むため、日本実験棟をどの国の飛行士が操作するかわからない。これは、ＩＳＳ内の表示や制御システムを標準化しておかなければならないということを意味する。日本人宇宙飛行士は日本実験棟

だけでなく、外国の実験棟でも活動することになっている。逆に、外国人宇宙飛行士も「きぼう」で日本の実験を行う。機器の表示やコンピュータ操作システムを共通化しておかなければ、操作に誤りが生じる可能性がある。さらに、ＩＳＳでは宇宙飛行士が長期間にわたり家族や仲間から隔離されて設計思想の異なる実験棟や居住棟で実験や観測を行うため、心理的に不安定になる。そのため、船内活動や船外活動を行う際の人間のエラーを防止するためにも操作の単純化と共通化が必要となった。また、ＮＡＳＡやロシアの宇宙飛行の経験が豊富な宇宙飛行士からは、経験に即した細かな要望が沢山持ち込まれることになった。その結果、一九九六年までＩＳＳの全体仕様を共通化するための協議が続いた。

結局、ＮＡＳＡが推奨したＩＢＭのラップトップを操作端末として参加国は採用した。表示・操作はＩＳＳ標準ガイドラインに従うが、プログラムは各国の独自のものをインストールしている。まず、ＮＡＳＡが要求する設計仕様を検討することから始めた。従来の宇宙船は機械が中心で人間は機械の一部として設計されていた。「うまくできないのは、技量が未熟、センスが悪い」と認識されるので、宇宙飛行士は未熟といわれて職を失わないようにがんばっていた。しかし、操作ループから人間が切り離されたメカニズムになっているため、機械に不具合があると、その機能を人間に肩代わりさせることになる。このような作業は、大部分が難しい機能だったり、人間の限界を超えるものであったりする場合が多い。

ＩＳＳではその反省を踏まえて、「人間」をシステムの中心におき、人間に適合するような設計思想を導入することにした。人間のエラーを誘発させる要因特定に主眼をおき、その排除に努める方法である。つまり、人間の特性や限界を知った上で人間が優れている機能は人間が行い、それ以外は機械が行う設計である。ところが、「人間を中心においた設計をする」といっても、当時は人間工学を理解している設計者は非常に少なく、具体的な仕様がないと人によって解釈が異なり標準化できないことは明白だった。このため、ＮＡＳＡは、知識の多少を問わず人間工学を考慮した設計ができるように、人間と機械のインタフェースについて具体的な設計標準を作成することにした。

日本で開発を担当した宇宙開発事業団（現：ＪＡＸＡ）でも、人間工学を本格的に導入するため、専門の人間を職員として雇用するとともに、航空会社や大学の研究者に参加してもらい独自の技術仕様策定に向け検討を始めた。しかし、当然ながら日本には有人宇宙船の開発に通じている人材はいなかった。開発の当初は、どのように設計に取り入れるのか手探りで、実物大模型（モックアップ）を作って日本人宇宙飛行士や設計者が操作をして問題点を洗い出し、ＮＡＳＡと調整して、設計変更を行うことを繰り返しながら設計を固めることになった。

ＮＡＳＡは、各研究センター、米国空軍や海軍、航空機製造会社の参加を得て、人間機械系インテグレーションスタンダードを作成し、これを基に人間工学仕様の調整を日本も含む参加機関で行うことになった。国際調整でも、船内活動用に国際宇宙ステーション内部全体のモックアップを、船外活動用に、外部の水中モックアップをつくり、実際に宇宙飛行士が操作して良し悪しを評価し、細かな仕様を決めていく作業が必要になった。人間工学は人間の感性による部分が多いため、様々な意見が飛び交い、かつ開発コストとスケジュールの制約があるので、合意に達するまでに相当の議論が行われることになった。その結果、一九九〇年頃から開始した作業は、宇宙ステーションのアーキテクチャを決定する作業と並行したこともあり、ようやく一九九六年に国際宇宙ステーション人間―機械系技術要求仕様書ＳＳＰ５０００５が制定されることになった。

ライフサポートシステム

日本実験棟の空気循環、温度・湿度制御などの環境制御（ライフサポートシステム）は自国で開発した。「炭酸ガスの除去はどうする？　無重力下でのトイレは？　どうやって寝る？」など、当時の日本はロケット、衛星などの無人システムが主体であったため、有人システムである日本実験棟の開発をするのに必要な知識は貧弱であった。

ライフサポートシステムの開発には、密閉環境下で多数の搭乗員が数か月にわたって共同任務を行う潜水艦の開発を担当していた技術者の参加を得て設計を始めた。外部環境は大きく違うが、両者とも密閉区画内では地球と同じ一気圧の空気環境であり、制御すべき要素や制御範囲もほぼ類似している。一方で大きく違うのはＩＳＳが無重力環境であることである。ここで課題となったのは、地球では重力で自然落下する水分は集めやすいが、宇宙の無重力下では強制的に水分を集めなければならないということである。どう集め、処理するのか、その技術開発をどう進めるのかが課題となった。

また、打ち上げ補給コストを極力少なくするため、ライフサポートシステムの消耗品補給や廃棄物の量を最小化する必要があった。前者は、飛行士の発汗の水分を除去し、室温と湿度を一定値に制御する空気調和装置の開発、後者は搭乗員の呼吸による炭酸ガスを除去する空気再生システム開発が大きな課題となった。

一方、ＩＳＳの中心となる米国の居住棟と日本実験棟との間で全体機能の配分を設定する必要があった。特に、後者の空気再生システムは将来の日本の有人宇宙システムの要素技術確立への布石ともなり、また地球温暖化対策にも寄与する炭酸ガス固定化技術の小規模版としての意義もあった。しかし、ＮＡＳＡとの機能配分の調整により炭酸ガス除去装置は集中方式とすることとなり独自で持つ意義が薄れたことや開発予算・期間の制約から、日本実験棟では前者の空気調和装置の機能のみを具備することとした。

熱制御

ＩＳＳの全体の大幅見直し（リデザイン）が落ち着いて、日本実験棟の船内熱制御システムの系統設計がほぼ固まりつつあるころ、熱制御機器は、すべて船内実験室の床下に配置するサブシステムラックに装着しなければならないことになっていた。

主要構成機器は、日本実験棟運用期間を考慮して、機器寿命と故障時に軌道上で交換可能な構造に設計する必要があった。この点が人工衛星と異なるところで、飛行士が交換や修理できることにより寿命を長くしたり、新しい技術による改良品を後から装着したりすることができる。機器の構成は、ポンプ・制御装置・バルブ・フィルタなどであり、ラックの前面と背面から流体と電気系統の着脱を飛行士が行うことができるようユニット化する必要があった。このため、段ボールで作った装置の模型で何回も試行錯誤し、船内実験室本体の設計担当者と、五ミリ間隔まで切り刻み、譲り合いの精神でインタフェースを設定した。

一方、船外プラットフォームの熱制御システムの基本設計が終盤になり、詳細設計仕様を設定している矢先に、世間でオゾン層破壊による地球環境問題が高まり、フロンガスの使用規制が始まった。冷却冷媒として熱物性に有利なものを採用していたが、急遽代替フロンの調査とそれらが長期間にわたり配管などの材料に影響を与えないことを確認するための物性試験を実施した。結局、冷媒を米国３Ｍ社で開発された「フロリナート」という優れた電気絶縁性と熱伝導性をもつフッ素系不活性液体に変更することになった。この冷媒はマイナス九〇度位まで凍結せず、非常に厳しい宇宙環境での凍結による配管破裂などに対して問題のない性能を有していた。

ロボットアーム

日本の大型ロボットアームは、船内実験室の端のコーンに取り付けてシャトルで打ち上げられ、ISSに日本実験棟が取り付けられた後に、展開することになっていた。当時の大きな懸念は、このアームが軌道上で壊れる恐れがあるということだった。実験室の内圧は一気圧だが、シャトルで宇宙にいくと外部が真空になるため、地上にあるときより膨張する。これによりアームの取り付け部と支持部の相対位置が変わりアームに大きな応力を発生させるので、破壊される恐れがあったのである。

アームは、実験室コーンの基部で六自由度と指定され、打ち上げ時の大きな荷重に耐えるように三か所の保持解放機構で支持する設計であった。圧力変形に耐えるためにはアームの支持は柔構造にすべきだし、打ち上げの荷重に耐えるためには剛構造にするほうがよいという背反する要求だった。この問題解決のため、毎日が挑戦と不安の連続で神経の休まぬ日々が続いた。ここからさらにいかなるハードルが待ち受け一体どうなることかと思っていたが、検討と解析を重ねるうち、可能性が見えてきた。結局、圧力変形の発生する方向と、アームの剛性が高く変形により大きな応力が発生する方向の支持を柔らかくすることで解決策が見えた。

また、日本実験棟のアームには日本のロボット技術が生かされ、対象物の動きに従ってロボットアームの姿勢を自動制御でき、宇宙飛行士の操作が容易になっている。

図 3-2　ケネディ宇宙センターでの「きぼう」ロボットアーム取付け

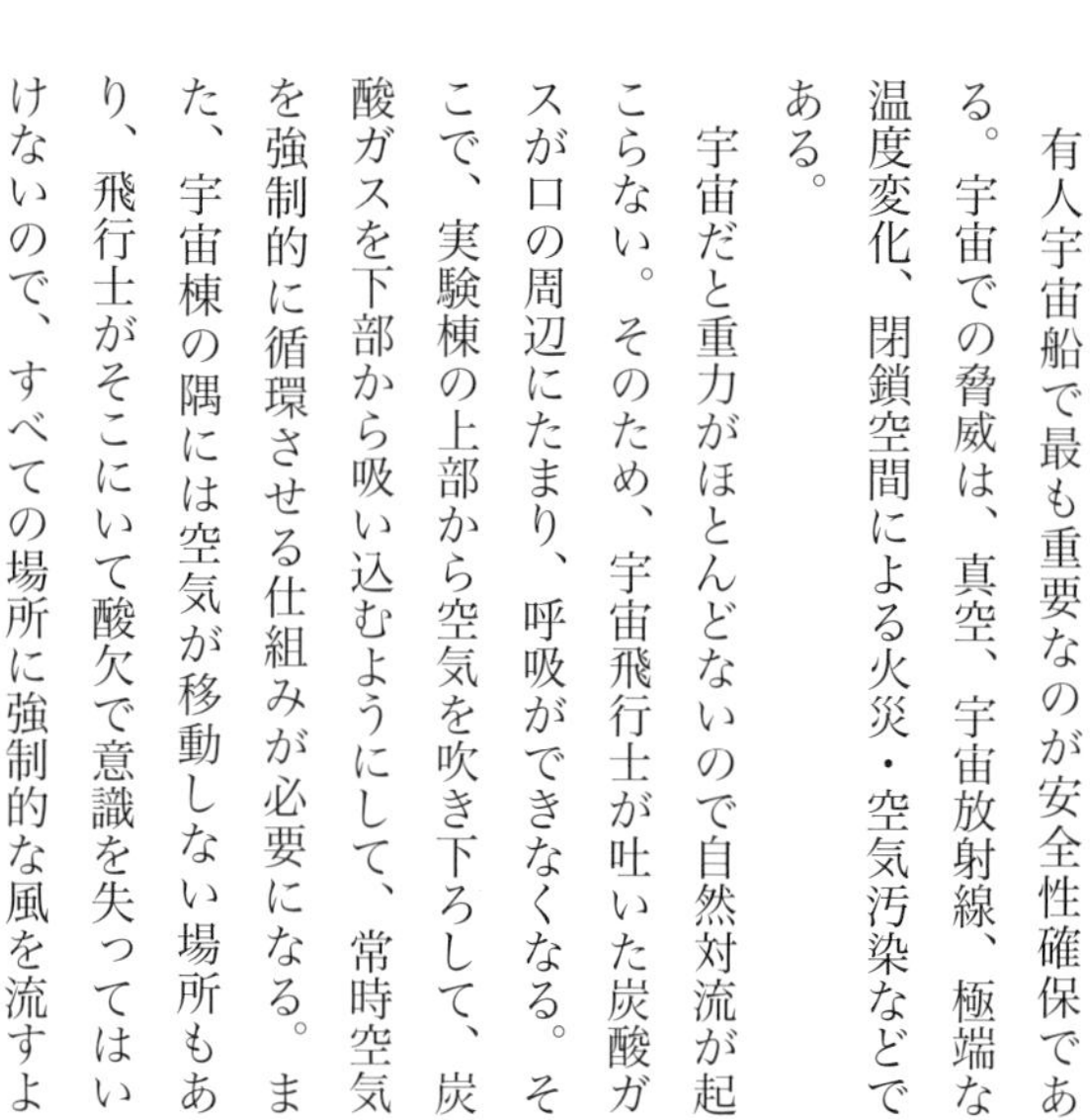

宇宙飛行士の安全確保

有人宇宙船で最も重要なのが安全性確保である。宇宙での脅威は、真空、宇宙放射線、極端な温度変化、閉鎖空間による火災・空気汚染などである。

宇宙だと重力がほとんどないので自然対流が起こらない。そのため、宇宙飛行士が吐いた炭酸ガスが口の周辺にたまり、呼吸ができなくなる。そこで、実験棟の上部から空気を吹き下ろして、炭酸ガスを下部から吸い込むようにして、常時空気を強制的に循環させる仕組みが必要になる。また、宇宙棟の隅には空気が移動しない場所もあり、飛行士がそこにいて酸欠で意識を失ってはいけないので、すべての場所に強制的な風を流すようにしなければならない。

ＩＳＳは一〇年以上運用される。この間、機能性と安全性の面で間違いは許されない。何か一つが故障したらすべてダウンして人命が失われるという事態は絶対許されない。そのため、搭載機器はバックアップをもつ冗長設計がなされている。また、不幸にも故障が起きたときでも、飛行士が簡単にメンテナンスできるような構造が、電力供給システム、コンピュータネットワークシステム、熱制御のための水冷却システム、空気循環システムなどで採用されている。

航空機と有人宇宙機の安全技術の違いは歴史の長さによるところが大きい。航空機では一〇〇年近い歴史があり、膨大な民間飛行機の事故データが分析されて、安全要求も具体的で数値で設定されおり成熟したシステムになっている。一方、有人宇宙開発は事例が少なく、歴史も浅く、未知の領域も多く、さらに機密で固く閉ざされていた。従って、歴史に学ぶことができず、開発側が十分な安全解析を行ってリスクを最小限に留めるような対応を求められ、安全解析に多くの労力を要することになった。このため、構造設計や安全の分野で実績を上げていた多数の航空設計の技術者に参加してもらって開発を進めることとなった。冷戦期に米ソが威信をかけてアポロ、ソユーズなどの宇宙船で積み上げられてきた膨大な基礎データに依存することも多かったが、入手できる範囲は極めて限られていた。

欧州の技術者からは「スペースラブ計画では、シャトルの安全を理由に実験装置の設計情報を全てNASAに開示させせられたので、ISSではその屈辱を繰り返さないよう自前の実験棟を構築して、安全を独自に評価できるようにする」という強い意志を聞かされた。

ちなみに、開発当初は、シャトル依存であったが、ロシア参加によりソユーズ・プログレス宇宙船が加わり、日本実験棟組み立ての後は「こうのとり」で実験装置と補給品を打ち上げるようになった。現在では、ＩＳＳへの物資輸送の安全審査は日本独自で実施できる権限を持ち、ＮＡＳＡの同意のもとで着々と進めることができる。自立した宇宙実験をほぼ手中にできつつある。

独自の通信システム

日本実験棟の船外プラットフォームには、地上と画像やデータの双方向通信をする独自の衛星間通信システムを開発し設置することになった。日本には、すでに人工衛星でこの種の技術は成熟していたので、導入は容易かと思われたが、有人と無人の設計の思いもよらない違いに戸惑うことが多々あった。たとえば、当初、筐体を軽量化のためにロケットや衛星にも使用されているハニカム構造としていたが、シャトル安全要求が満たせないことからアルミの削り出しパネルに変更した。

極め付けは電波放射である。衛星間通信システムは宇宙空間での通信で強い電波を放射するので、ＮＡＳＡは日本の案を簡単には許容しなかった。それは、強い電波がＩＳＳの大きな太陽電池パネルや船内や船外にいる飛行士に当たると悪影響を及ぼし、最悪の場合、宇宙飛行士の生命を脅かす可能性があるからで、厳重な安全管理を要求された。それまでの成果を再検討し回避する手だてを探した。結局アンテナの向きを許可されない方向には向かないように制御、万が一、不測の事態で本来向くべきではない方向に電波放射されたら、即座に放射を自動停止するメカニズムを備えるよう設計に組み込むことになった。

欧口にない船外実験室完備へ

日本実験棟の利用要求は以下の五つの項目があった。

①船内の「地球上の重力の一万分の一から一〇〇万分の一の微小重力を利用した材料創製やライフサイエンス分野の実験」と、船外での「天体観測、地球観測、電波や光の通信実験、および一部の材料を地球上の一〇〇億分の一という高真空宇宙環境に曝露させる実験」の両方の実験が共にできること

②船内実験室からロボットアームの操作と船外への搬入・搬出装置（エアロック）を介して実験装置や試料を交換でき、宇宙構造物の組み立てなど高機能装置に切り替えられることなどの発展性を有すること

③日本のロケットで船内・船外実験装置を打ち上げることにより自在性を確保すること

④搭乗員が船外活動を行って装置や試料を交換するのは大変なので、ロボット技術を活用し容易に装置交換が実施できるよう工夫すること

⑤搭乗員の生命の安全を確保するため、危険性の高い実験は船外で行うこと

予算的には厳しい状況だったが、日本実験棟は有人技術を習得するとともに、船内と船外の両実験システムを保持して国内ユーザの要求に対応することが最重要命題との強い信念のもとに、船内実験室、船外プラットフォーム、ロボットアーム、補給部（船内と船外）、エアロックをもつ構成とした。これは国内ユーザの幅広いニーズに柔軟に対応し、将来の科学技術の進展やニーズの変化に対応できる装置の拡充をするためであった。これらの利用要求が満たされたことで、実際の宇宙環境での実験経験を積むことができ、ロボットアームとエアロックの組み合わせによる超小型衛星の放出サービスや先進型船外実験システムの確立、さらに国際的な利用や研究など、様々な活動が行うことができるようになっている。

無人の衛星と船外プラットフォームのミッションは、ある意味で類似したところがある。実験そのものは無人で行い、それを有人が支援する。概念的には多様な実験や観測が可能な有人支援型の多目的実験プラットフォームとなっている。欧州やロシアの船内実験室のみの構成とは一線を画している。ＮＡＳＡは宇宙ステーション全体に船内と船外実験装置を配置しているのに比べ、日本実験棟はＮＡＳＡの表現では、「All in One」（箱庭的）とも呼ばれる一か所に機能を集約した日本らしい実験システムの概念を実現している。なお、欧州は開発の最終段階で欧州実験棟の外壁に二つの船外機器ポートを追加した。

独自要求の実現に苦難の道のり

現在、ＩＳＳのなかでも多目的船外実験システムをもつ宇宙棟は「きぼう」日本実験棟だけなので、世界の研究者からの注目を集め、ブラックホールや新星を観測する全天Ｘ線天文装置（ＭＡＸＩ）やダークマター観測などの高エネルギー観測装置（ＣＡＬＥＴ）などで日本の研究者との共同実験が続いており、『Nature』や『Science』などの一流科学雑誌に研究成果が多数掲載されるようになってきている。通常の宇宙機器設計では、基本設計に着手する段階では、概ねその目指すコンフィギュレーション（形態）が確定しているのが一般的であるが、利用者のニーズを本当に実現するために技術検討に時間がかかり、コンフィギュレーションの確定は基本設計完了時点までずれ込むこととなった。また、船外プラットフォームは、大電力を供給し排熱するため、受動型熱制御に加えて流体ループによる能動型熱制御を採用している。有人施設では安全要求が厳しいため、安全設計解析と電子部品要求審査と使用材料審査についてＮＡＳＡの要求を満足させるためのレベルアップが必要であった。また、膨大なデータによる不具合解析を行う必要があるほか、常に真空に曝露している環境のため、機構部分の潤滑技術などが必要となった。能動熱制御の開発は、衛星の推進系設計技術と原子力開発で培った熱管理設計技術を組み合わせて試行錯誤の上に達成した。日本にとって、開発実績のない初めての大規模な曝露環境の有人施設であったので、日本実験棟打ち上げ前の一九九五年（平成七年）三月に、船外プラットフォームの部分モデルを日本版フリーフライヤー衛星である次世代型無人宇宙実験システム「SFU（Space Flyer Unit）」に搭載しH−Ⅱロケット三号機で打ち上げ、長期間の宇宙実証試験を行った。この衛星は、翌年一月、シャトルに初めて搭乗した若田光一宇宙飛行士により、ロボットアームを操作して無事回収された。SFUのミッションでは飛行中に起きた様々な細かなトラブルを経験しながら運用を続けたが、こうしたトラブルを乗り越えてきた経験はお金では買うことができないノウハウとなった。また、この試験データの解析評価により、日本実験棟の船外プラットフォーム開発の貴重な裏付けが得られ、設計に確信がもてるようになった。

この「きぼう」で培った能動熱制御技術は、石油・化学プラントの熱設計に応用され、機構技術は、航空機エンジンのような回転体の開発や車両用サーボモーターなどの使用環境が厳しいシステムに応用されている。また、この開発と運用経験は、船外実験装置や国際宇宙ステーション補給機「こうのとり」の開発に生かされて、短期間で民生部品を活用して比較的安価に開発ができるようになってきた。さらに、将来の惑星探査用船外装置や表面探査車（ローバー）の機構、熱制御技術などにも応用できるようになってきている。

宇宙ステーション事前検証試験（シャトル・ミール計画）

ロシア宇宙ステーション「ミール」とシャトルの米ロ宇宙ステーション組立共同ミッション（シャトル・ミールミッションと呼ばれた）に関して、一九九四年一二月にロシア政府より一九九九年まで運用するという提案があり、一九九五年一月に米副大統領とロシア首相間の政治レベルで合意された。

厳しい宇宙環境の中で、大規模なＩＳＳを事故なく建設し、宇宙飛行士が安全に活動し、ＩＳＳのシステムを健全に維持してゆくのは容易なことではない。建設と運用にともなうリスクは可能な限り排除し、順調な建設と安全を確保しなければならない。このために、ＩＳＳ計画では一九九五年から一九九八年のＩＳＳ建設開始までの期間、建設と運用の準備および実証活動としてシャトル・ミールミッションを実施した。その目的は次のものである。

・ミールに米国人宇宙飛行士が四、五か月ごとに滞在して行う科学実験や宇宙医学研究とミール船内と船外の環境調査

・ＩＳＳ建設・運用のために開発された宇宙技術や機器の性能確認のための技術実証活動

この間、シャトルはまずミールまで一一メートルに接近した。その後八回ランデブーとドッキングを実施、数日間滞在し、多くの有益な成果を上げた。

ＩＳＳの建設に向けた技術実証としての主な活動は次のとおりである。

①宇宙ステーションとシャトルのランデブー・ドッキング技術の確立

ミールもシャトルも重量一二〇トン前後であるが、ＩＳＳは完成時には四〇〇トンを超える。こうした一〇〇トンを超える宇宙船どうしのドッキングは、米ロともそれまで経験がなかった。安全に

ドッキングするにはドッキング装置を新たに開発して複雑で慎重な軌道修正や接近操作に習熟する必要がある。このミッションは、ISSとのドッキングのための格好のリハーサルの場になった。米ロはシャトルとミールのドッキング装置を共同開発し、ドッキング操作も共同で検討した。

②米ロの管制センターによる宇宙ステーションとシャトル共同飛行管制の習熟

ISSとシャトルの管制には、米国のヒューストンとロシアのモスクワ両方の統合運用が必要である。シャトルとミールとの最終ドッキング指令は、ドッキング直前に米ロの管制官がドッキング準備完了の確認を行ったのちGOサインを出すなど、緊密な連携をとって実施された。

③宇宙飛行士の船外活動によるISS宇宙棟や装置の軌道上組立てと保守の実習

④精密な微小重力レベル用振動防止システムの確立

ISSでは新素材や新合金、創薬などの製造実験の成果を上げるため、実験装置の微小重力を地球の一〇〇万分の一から一〇〇〇分の一のレベルにしなければならない。飛行士や宇宙船によって生じる振動が実験に与えないようにする振動防止システムの有効性を確認した。

⑤宇宙長期滞在が人体におよぼす生理学・心理学的影響の研究

宇宙長期滞在による影響については、宇宙飛行士の人体からのカルシウム流出、密室環境での生活など、心臓血管、心肺、神経・知覚、環境衛生・放射線、動作・挙動などに分けて、ミールに滞在する飛行士を対象に綿密な研究が系統的に実施された。

このミッションは、米国の宇宙船とロシアの宇宙船とは設計思想が異なっていたことから、ＩＳＳ組立てに関する技術の相互理解促進が本来の目的であった。しかし、ミッションの途中で火災や補給船の衝突が起き、電力喪失や姿勢制御能力の喪失などの生命に関わる不具合が発生した。こうした想定外の事態に対しては、地上との連携により対処した。それ以外にも様々な不具合があったが、ＮＡＳＡの関係者は、結果的に、両者が様々な技術やプロジェクトマネジメントの違いについて理解を深める機会となり、ＩＳＳの成功につながったと述懐している。

参加国間のバーター取引

一九九六年の米国家宇宙政策では、米国の国内政策、国家安全保障政策および外交政策を進めるために国際協力を促進することを目標の一つとして宇宙計画を進めることとされていた。さらに、宇宙技術の向上と商業利用からの収益の拡大により、宇宙応用の価値が明らかになるにつれて、自国の対外政策を実現するための「梃子（てこ）」と認識しつつ、他国に宇宙技術を供与し共同プロジェクトを実現することをアピールする傾向が出てきた。

例えば、欧州宇宙機関は欧州宇宙実験棟のシャトル打ち上げ費用について、ＮＡＳＡの代わりにＩＳＳの「ノード２」と「ノード３」などを開発することで米国とバーター交渉を締結させた。また、日本も宇宙実験棟三回のシャトル打ち上げ費用を、ＮＡＳＡに代わって人工重力発生装置を備えた実験棟「セントリフュージ」などを開発することでバーターしている。

さらにＩＳＳ運用段階での運用費は、各国が提供した要素は各国が維持運用することになっているが、ＩＳＳの軌道や姿勢を維持する燃料、各国リソース配分に応じて宇宙飛行士にかかる物資、ＩＳＳ全体の運用・利用を統括する地上管制や技術調整活動などの経費についても、リソース配分率に応じて各国が分担することになっている。日本の費用はＨ－ⅡＢロケットによる「こうのとり」を定期的に打ち上げ、ＩＳＳに物資を輸送することで代えている。

有人国際宇宙施設、ついに建設スタート

先に述べた米国が開発予算の一部を支払ったロシアの宇宙棟「ザーリャ」（ＩＳＳの初期段階の軌道制御と倉庫の役割を担う）は、その後のロシア経済危機でロシア政府からロシア宇宙庁に適切に資金が供給されず、また「イラン不拡散法」の適用過程でロシアからの技術漏洩疑惑が持ち上がり、ザーリャの開発の遅延を招いた。その後、ザーリャは政治的な動きもあり開発を完了した。

そして、ようやく一九九八年一一月、ＩＳＳ最初のモジュールであるザーリャがロシアのバイコヌール宇宙センター（現在、カザフスタンにあり、ロシアが借料を支払って使用している）からロシアのロケットで打ち上げられた。さらに一二月にはシャトルで二番目のモジュール「ユニティ」（ノード1）が上がり、宇宙で結合、いよいよＩＳＳの建設が始まった。その後もロシアの資金難が

続くとともに、一九九九年に相次いでロシアの大型プロトンロケット打ち上げに失敗し、ＩＳＳ建設が一時的に止まった。結局、ロシアのサービスモジュール（ＩＳＳの居住・ロシア実験棟）は、予定より一年以上遅れて一九九九年四月に完成。二〇〇〇年七月に打ち上げられた。

一九九九年四月、それまで日本実験棟（Japanese Experiment Module／JEM）と呼ばれていた日本のモジュールに、公募により「きぼう／KIBO」という愛称がつけられた。

スペースシャトル「コロンビア」の事故

二〇〇三年二月、まさかの事故が起きた。スペースシャトル「コロンビア」の打ち上げ時に大型外部燃料タンクの断熱材が落下、これが翼に当たり穴があいた。そのため、大気圏突入時の熱が内部に入りこみ、機体が破壊され、クルーは全員死亡した。シャトルは原因究明のため二年間に亘って打ち上げが中断された。

ロシアを除いて米国も欧州も日本も大型の宇宙実験棟の打ち上げはシャトルでしかできない。欧州実験棟の打ち上げは一回だが、日本の「きぼう」実験棟はシャトルが三回必要であるため飛行回数の確保が不可欠であった。ＩＳＳの組立完了までのシャトルの打ち上げ機数が少なくなると、「きぼう」実験棟のすべての要素が打ち上げられない。体中の血が引いてゆく思いだった。政府レベルとプログラムレベル、技術レベルでの悪戦苦闘の交渉の末、当初は困難と思われた「きぼう」実験棟のすべての要素をＩＳＳに取り付けることが保証できたものの、想定外の事故による米国宇宙政策の大転換で日本のプログラムは大きな打撃を受けた。

コロンビア事故後、シャトル打ち上げ再開が遅れる中、ブッシュ大統領の新宇宙政策が公表され、米国政府はスペースシャトルを二〇一〇年に退役させると発表した（実際の退役は二〇一一年七月）。

ＩＳＳの組み立ては、まずすべての太陽電池パネルの組み立て・展開を完了し、電力確保をする。続いて「きぼう」実験棟と欧州実験棟とを連結する「ハーモニー」（ノード２）と欧州実験棟を打ち上げる。その後に、「きぼう」船内保管室、船内実験室、最後に船外プラットフォームの順番で打ち上げる計画であった。そして、完成までに二八回のシャトル飛行が必要であった（ロシアのプロトンロケットとソユーズロケットを含めると四〇回）。

山積の懸案事項

二〇〇四年一月、米国が二〇一〇年でシャトルを退役させると決めたことで状況は一変し、文部科学省とＪＡＸＡに危機感が走った。当時、ＮＡＳＡは事故の原因究明と安全対策に全勢力を傾けていたため飛行再開準備は遅れており、たとえ再開されても、新たな課題がみつかれば飛行再開が再度中断される恐れがあった。二〇一〇年までに「きぼう」の打ち上げまで辿り着けるのか、たとえ辿り着いても完成に必要な三便を確保できるのかが最大の懸案事項となり、「きぼう」完成に必要な三便のシャトルを要求し獲得するのが重大な交渉事となった。この課題は、「きぼう」開発に心血を注いできた我々チームのすべてのメンバーに切迫した危機意識をもたらした。

さらに、二〇〇四年五月の技術会合でNASAが、「米国は新宇宙政策に基づき宇宙探査への投資を優先するため様々な予算検討を行っており、『セントリフュージ（生命科学実験棟）を含むすべてのISSの完成形態の縮小について検討している』と発言したことから、セントリフュージの存続が重大な事項となった。

米国の「セントリフュージ」は「きぼう」を打ち上げるシャトル便の支払いの代わりに、日本が開発・製造してNASAに提供する実験棟として計画され、この時点ではまだ開発中だった。「セントリフュージ」がキャンセルになれば、開発が未了であることを理由に、「きぼう」打ち上げに使用するシャトル三便を二便に減便することを迫られる可能性がある。こうした中、ISSの組立順序について欧州と協議し、日欧の実験棟の打ち上げ前倒しを検討するように欧州と共同でNASAに要求した。

欧州は、ノード2「ハーモニー」とノード3「トランキュリティー」を、欧州実験棟打ち上げの費用の代替としてNASAに提供するべく開発していたこともあり、技術的に踏み込んだ検討をしていた。

JAXA単独では門前払いだったかもしれない交渉は、欧州と協力することで前に進めることができた。また「セントリフュージ」の見直しについては、政策レベル、プログラムレベル、技術レベルの交渉を通じてキャンセルに伴うＩＳＳ計画や日米関係への影響を懸念する旨を粘り強く繰り返し伝えた。

二〇〇四年七月のＩＳＳ宇宙機関長会議において、二〇一〇年までにシャトルを二八回打ち上げ、ＩＳＳ参加機関の提供モジュールすべてを含めた完成形態をベースラインとし、日欧宇宙実験棟の打ち上げ順序前倒しも含め、引き続き検討することとなった。

しかし、過去のシャトル打ち上げ実績から判断しても、残る六年間で二八回の飛行をこなすのは非現実的との見方もあり、「きぼう」が完成しないリスクはいまだ消えていなかった。

二〇〇五年一月のＩＳＳ宇宙機関長会議では、ＩＳＳ参加機関は二〇〇四年七月に提案されたシャトル飛行回数とＩＳＳ完成形態を了承したが、ＮＡＳＡは新宇宙政策に向けた利用計画と米国要素の構成検討を継続すると表明し、機関長会議共同声明にも盛り込まれた。

その後、ＮＡＳＡが本格的に完成形態見直しに着手していることが明らかになるにつれ、日本側の対応も厳しさを増し、いったいどうなることかと不安と希望の入り混じった気持ちで次第に緊張感が高まっていった。プロジェクトに関わる誰もがこの交渉の重要性を認識していたので、神経は研ぎ澄まされ、ぴりぴりしていた。政府とＪＡＸＡの両方から何度も見直しに対する懸念をＮＡＳＡに伝えた。また、ＪＡＸＡ内では「セントリフュージ」や「きぼう」三便の一部が打ち上がらない場合のケーススタディーを行い、その影響の詳細評価を行っていた。

逆風をくぐりぬけて

二〇〇五年四月に就任したNASAマイケル・グリフィン長官は、新宇宙政策を積極的に進め、ISS計画を見直し、更に「ハッブル望遠鏡の修理フライトを含めシャトル退役までに実施する飛行は二〇回程度に削減せざるを得ない」と発言、検討結果を米国政府への説明後、参加パートナに伝えるとした。米国のマスコミはNASA内部の検討資料として、シャトル退役までの飛行を一六回とし、「セントリフュージ」や「きぼう」船内実験室を打ち上げないオプションのチャートを掲載した。

この時点では、最終的にNASAがどのような提案をしてくるのか想定が難しい状況だった。日本は米国と交渉を続けていたが、米国が要求を受け入れない場合には、「きぼう」三便の打ち上げはできない状態だった。

二〇〇五年九月下旬、ついにNASAから米国のISS計画見直し結果について説明するとTV会議の申し入れがあった。説明内容は以下のとおりであった。

①「セントリフュージ」は打ち上げない
②シャトルは、二〇一〇年までにISSに一八回、ハッブル修理のために一回打ち上げる
③「きぼう」組立三便は確保する

これにより、「セントリフュージ」が中止されたものの、シャトルの飛行回数見直しに伴っての「きぼう」打ち上げ三便すべての削減という最悪の事態は避けられた。この内容は、国内の関係者に説明された後、速やかにメディアに公表され、米国のＩＳＳ計画見直しに係る様々な憶測に終止符が打たれた。

暗雲いまだ晴れず

シャトルの飛行回数が一八回と決まったことで、組立順序の前倒しの調整が本格化した。残り五年で一八回のシャトル飛行を前提として計画できることになり、「きぼう」完成の現実味が出てきた。

しかし、その時点で「きぼう」の第一便である船内保管室の打ち上げまでには、あと九回のシャトル飛行が必要で、「きぼう」打ち上げに到達できるのか不安の残る状況であった。このため、できるだけ「きぼう」の組立飛行が前倒しになるように調整を始めた。議論のポイントは、残り三機の太陽電池パネルの組立飛行（パネル本体打ち上げが三回、結合トラス構造打ち上げ二回）をどれだけ後ろ送りできるかであった。パネルと結合トラスの組み立てを一部後送りする案、加えて結合トラスと欧州実験棟を一緒に打ち上げる圧縮案が主に検討された。しかし、これには次のような技術的な制約があった。

①日欧実験棟追加後のシステム維持には、保守や故障時に備え太陽電池パネルが少なくとも三組必要

である

②太陽電池パネルの組立とノード2の運用開始に必須な船外活動は、非常に難しい技術を必要とする手順を事前まで変更を重ねながら訓練する必要があり、ＩＳＳのクルーの事前訓練でカバーできない。このため、直前まで訓練を積むことのできるシャトルクルーが必要である

ついに協議決着

飛行回数を削減すると船外活動の実施回数が足りず組み立てが完了しなくなる。この障害を乗り越えなければ国家プロジェクトが達成できない。責任の重大さに神経質にならざるをえなかった。米俵を背負わされたかのような重圧を感じたが、ここが瀬戸際だと覚悟を決めて交渉をしていった。技術的な制約が何回も議論され息の詰まるような会議だった。

補給計画、訓練計画、リスクマージンなどを考慮した結果、「太陽電池パネルの組立飛行の内最後のセットを「きぼう」の船内保管室と船内実験室の組み立て後に送り、加えて補給飛行一回を「きぼう」船内実験室の後にする」ことが可能と判断され、現在の組立シーケンスが作られることになった。これにより、「きぼう」を組み立てるシャトルの打ち上げを二便早めることができた。

二〇〇六年三月、宇宙機関長会議において縮小されたＩＳＳ完成形態、および二〇一〇年まで一八回のシャトル飛行が了承された。

これにより、ついに「きぼう」打ち上げにかかわる粘り強い交渉は決着を迎えた。

日本の存在感

「きぼう」の設計・開発において、我が国の存在感は徐々に醸成されていった。その節目となったのは、まず地上で実機を組上げて実験をした二〇〇〇年の「きぼう」全体システム試験のころ、次にNASAやボーイングが日本に来て「きぼう」の船内実験室や船外実験プラットフォームをクリーンルームで見たとき、そして、電力・通信の国際間組合せ試験の結果、部分的には米国よりいい性能がでるのを目の当たりにしてからである。こうした段階を経て日本に対する態度が徐々に変化していった。そして、「きぼう」の打ち上げ時に、NASA、欧州宇宙機関、カナダ宇宙機関の方々からその出来栄えに「Big and Beautiful !」との賛辞が寄せられるまでに至った。打ち上げ前のNASA審査会で、「きぼう」の残作業の件数が一桁であったのを見たNASAや米国企業の方々がびっくりして、「この数値は桁が違うのではないか」と質問してきた。ISSで今まで打ち上げられたモジュールは、打ち上げ直前まで二桁以上の残作業件数やアクションアイテムが残っているのが実績だった。「要求は期日までにすべて達成させるのがわれわれのやり方。トヨタやホンダの車のように不具合はすくなく品質を高くするような仕組みをもっている」、と説明すると、自分も日本車に乗っているが、確かに故障がほとんどないと何人かがざわめいた。

図3-3　完成後の国際宇宙ステーション

産みの苦しみを超えて

二〇〇六年の交渉決着から九年が過ぎ、「きぼう」三便を含めＩＳＳの全ての構成要素がシャトルで打ち上げられ、ＩＳＳでの組み立てを全て終え、二〇一一年にシャトルは退役した。一九八五年のＩＳＳが紙の上の存在であった当時、ＮＡＳＡはスペースシャトルの運航を長期間可能と考えていた。しかし、ＩＳＳ組立が始まったのは当初の目論見よりもかなり遅れて一九九八年以降になり、さらに二〇〇三年のコロンビア事故により退役が早まった。

宇宙での技術的制約によりＩＳＳ組み立て順序を柔軟に入れ替えることはできない。電力と熱制御を確保する必要性から欧州実験棟や「きぼう」実験棟の打ち上げは太陽電池パネルの組み立て後になる。その結果、「きぼう」の完成は計画当初は一九九五年の予定だったが、実際の完成は一四年遅れの二〇〇九年となった。

二〇〇九年七月に最後の積み荷である船外プラットフォームが打ち上げられ、ついに「きぼう」が完成した。二〇〇〇年代前半に、適切なＩＳＳ形態の見直しとシャトル飛行回数の削減を参加機関が協力してやっていなければ「きぼう」はいまだ完成せず、ＩＳＳプログラムの存在意義もどうなっていたかわからない。また、「きぼう」の船内実験室が組み立てられなければ「こうのとり」のドッキングもできなかった。現在「こうのとり」は、当初シャトルで運ぶ予定の日米の大型の実験装置の打ち上げに活躍している。

第四章　「こうのとり」の開発

国際宇宙ステーション補給機「こうのとり」

「こうのとり」として世の中に知られるようになった宇宙ステーション補給機（HTV: H-II Transfer Vehicle）は、ＩＳＳに物資を輸送するための国産輸送機である。筆者は直接「こうのとり」のプロジェクトには参画していないが、「こうのとり」は「きぼう」とも関わりが深く、関係者などから直接見聞きした内容や当時の資料などからこのプロジェクトについてまとめておきたい。

「こうのとり」は、ＩＳＳの運用・利用に必要な機器や宇宙飛行士の日用品などの物資を毎年一回程度ＩＳＳに運び、ＮＡＳＡのスペースシャトル、ロシアのプログレス貨物船、欧州の貨物船ＡＴＶ（Automated Transfer Vehicle）、スペースX社のドラゴン補給船、オービタル・サイエンシズ社のシグナス補給船とともに、物資補給を担う重要な役割を果たしてきた。なお、スペースシャトルはＳＴＳ―１３５（二〇一一年七月）で、ＡＴＶは五号機（二〇一五年二月）で計画を終了している。

二〇一三年九月二九日、米国民間企業オービタル・サイエンシズ社の初のＩＳＳ貨物輸送機「シグナス」がＩＳＳへの結合に成功した。直接ドッキングを行う自動結合は衝撃を伴うため、ＩＳＳの

図 4-1　ISS のロボットアームによって把持される「こうのとり」

一〇メートル真下にぴたっと相対停止しロボットアームで高速飛行中の機体をつかむ「こうのとり」と同じ方法が採用されている。姿勢制御や動作データをやりとりして誘導する近傍通信システムは日本の宇宙技術をＮＡＳＡが評価するきっかけにもなったが、厳しい仕様をパスするには大変だった。

「こうのとり」一号機の打ち上げ成功の後、海外から「こうのとり」で開発した機器調達と運用管制官のランデブー訓練や技術支援業務の発注があり、これは現在も続いている。「こうのとり」や「きぼう」の出来栄えについて、ＮＡＳＡ長官から「Most Reliable Partner」としばしば発言されるなど日本のＩＳＳ関連技術は米国での評価が高く、米ロ欧加日の五極一五か国が参加する超大型国際共同プロジェクトで日本は重要な位置を確保している。ところが、「こうのとり」の構想が生まれた一九九三年の立ち上げ時期には、前例のないランデブー・ドッキング方法に「そんなことできるわけないじゃないか！」「ＩＳＳの搭乗員の人命を何だと考えているんだ！」と、けんもほろろの対応だった。

また、「こうのとり」の開発が本格的にスタートしたのは一九九七年だが、その設計は初めからスムーズにいったわけではなく、紆余曲折を経た結果であった。そもそもコンセプトが日本の宇宙開発でも類をみないものであったこともあり、ＮＡＳＡからの要求自体も何度も変わってそのたびごとに対応を与儀なくされた。

シャトル一辺倒から各国独自の輸送手段の獲得へ

ロシアがＩＳＳに参加する以前には、米国のシャトルだけが地上から宇宙への物資の輸送手段であり、参加各国は定期的な運航を行い大半の運搬荷物（ＩＳＳ共通物資）を輸送することができる大型輸送機のシャトルの前では、シャトルに依存するよりなく、その運用経費を分担することになっていた。

当時、自国の輸送機で自国の荷物を地上からＩＳＳへ輸送する権利は日米政府間の了解覚書（ＭＯＵ）には規定してあったものの、「自国の荷物」と「ＩＳＳ共通物資」を自前の輸送機でＩＳＳに輸送するのは、技術的にも政策的にも「絵に描いた餅」のようだった。

ところが、ロシアがＩＳＳに参加し、自前のソユーズロケットで「ソユーズ宇宙船」や無人貨物船「プログレス」を、欧州はアリアンⅤロケットで「無人輸送船（ＡＴＶ）」をＩＳＳに提供する輸送手段として位置付けるべく政策的に動いていることが分かった。ロシアのＩＳＳ参加後の新しい枠組みでは、ＩＳＳへの物資輸送をシャトルで一元的にやるのではなく、輸送能力を有する国がそれぞれ行う方向に米国政府は転換してきた。

日本のＩＳＳ物資輸送構想

ＭＯＵでは、「きぼう」の運用段階での共通運用経費の分担や「きぼう」への物資打ち上げと地球への回収の費用も、ＮＡＳＡに実費支弁として支払わなければならないことになっていた。定常運用経費をお金で支払うのではなく自国の輸送機で肩代わりして、先端技術を取得したいと思うのは当然の成り行きだった。

この輸送機の実現には、ロケットと補給船の二つが必要で、非常に高いレベルの先端技術が必要になる。しかし、一九九四年当時の日本はＨ－Ⅱロケットがようやく完成し試験機一号の打上げに成功したばかりであった。さらに、ＩＳＳへ物資輸送するためには、ＩＳＳに接近し、ドッキングする米ロだけが持っている高度な技術が必要になる。日本はこのランデブーとドッキングの技術を獲得すべく一九九七年に技術試験衛星「きく七号」を打ち上げて、軌道上実験を行い、国産宇宙往還機に使用する計画で衛星を開発中であったが、その将来ミッションとしてＩＳＳに応用するという構想の検討はほとんど進んでいなかった。

ところが、ロシアがＩＳＳに参加することが決まった一九九四年三月のスケジュールでは、ＩＳＳの最初の宇宙棟の打ち上げが一九九九年に始まり、「きぼう」日本実験棟組立が完了するのが二〇〇〇年となっており、この年度から「きぼう」の運用と利用が開始されることになっていた。これは、ＭＯＵの規定によりＩＳＳの共通運用経費の支払い分担義務が発生することになる。今後の国際間の共通経費運用分担の交渉の枠組みに日本の物資輸送機提供を盛り込まなければ、輸送する手段を提供する国に経費を払い続けなければならない。最初から交渉に参加しなければ、技術的にも政策的にもイニシアティブをとれず、将来にわたり日本の宇宙輸送システムの技術開発に不利益を被る可能性もある。

こうして、新しいＩＳＳの枠組みの中で、日本としての物資輸送手段が大きな課題の一つとなった。

まず構想検討のリードをとる部署はどこかを決めることから始まった。技術的なシナリオから、ロケットの二段の利用か、衛星のような低い軌道に投入してから軌道を変更してゆくのか、エンジン推進システムと誘導制御システムの使い方で軌道投入方式が変わる。ランデブー技術でみるとその当時開発中の「おりひめ」「ひこぼし」の技術が活用できるが、ＩＳＳに接近し、ドッキングするとＩＳ

Sとのインタフェース条件を決めなければならない。定期的に「こうのとり」で荷物を運ぶというのは、いってみれば「きぼう」の船内保管室を運ぶようなものだから、ロケットの製造と運用にも似ている。さらにISSに結合するとISS運用の一部となる。これらに必要な技術はすでに日本にあるものがほとんどであるが、多岐の部門とインタフェースをもったプロジェクトをまとめてゆく部署は今までなかった。

結局、技術検討のために、ロケット、衛星、有人技術、技術研究の各部門から技術担当を出してもらい、当時の計画管理部が統括リードすることで構想検討が始まった。

また、外部との様々なインタフェースを調整するため、できるだけ早く軌道間輸送システムのシステム設計担当企業を含めた全体の体制を作り上げることが急務になった。一九九四年夏ごろ、当時のロケットと衛星のシステム企業数社に構想検討の参加を要請した。その後、これらの企業と構想検討支援契約を結び、概念設計を実施。NASAとの調整の材料とした。国際的な輸送計画調整と技術調整が本格化する一九九六年には国内の体制を固めることができた。

NASAとの交渉・異端児扱いの計画

一九九四年九月、NASAとの第一回技術調整において、日本のH－Ⅱロケットを使ってISSへの補給手段を提供する検討を開始したことを説明。まだ技術検討はほとんど進んでいなかったが、日本人のやる気を見せるしかないと、寄せ集めの各部門の技術者数人でヒューストンにあるNASAジョンソン宇宙センターに乗り込んだ。

NASAはこれまでのMOUでも将来の輸送システムがISSに接近するのに必要な技術インタフェースを行う義務があったのでつきあってくれたが、提案については本気にしていなかった。H―Ⅱロケットはあったが、それでは二トンしか運べずとても実用にはならない。「もっと大きいロケットはないのか?」との問いに「H―Ⅱ発展型の開発構想があるので、それを使う」と答えた。

唯一ランデブーとドッキングの軌道上技術実証を目的にしたETS―Ⅶが開発中であったことが、NASAにとっては意外だったようで、それについては興味を示した。しかし、NASAはISSへのシャトルのドッキングは宇宙飛行士が操縦して行っていたが、ISSに無人で飛んでくるものは経験がなかった。さらに、「こうのとり」は、ISSのロボットアームによって機体をISSにドッキングさせるという前代未問の方法を提案していた。時速二万九千キロメートルで飛びながら、ISSの下一〇メートルのところに静止させるというのは、非常に難しく針の穴をねらうような制御を必要としていた。

その時の担当者は「当時を振り返ると、提案はチャレンジを超えてクレージーに見えただろう」と当時を振り返っている。NASAはシャトルの体制が盤石で十分な補給能力があり、自分のものを輸送するのは勝手だが「こうのとり」に頼る輸送品の需要はないという立場だった。一方、日本としてはＩＳＳのシステム共通経費をお金で支払う代わりにＩＳＳ共通品を運搬する役割を持たなければ、日本で開発する意義が薄れ、国内での開発の立ち上げも難しくなる。このＩＳＳ共通品の輸送確保には長い間大きな課題であったが、知恵を絞って工夫したことが、他国の輸送機には運べないものを輸送できるという今日の「こうのとり」のセールスポイントとなっていった。

欧州輸送機の開発

一九九三年、ロシアをＩＳＳに参加させることになり、ＩＳＳ計画の大幅な見直しが行われた。欧州はミニシャトルである宇宙往還機の開発をやめ、欧州版物資輸送機（後にＡＴＶと呼ばれる）を次の政策にするように舵をきっていたし、日本でもＩＳＳへの補給の枠組みに早期に入り込もうとＨＴＶの構想検討が開始されたところであった。「こうのとり」を早期に実運用に供してＩＳＳ運用で日本の宇宙輸送能力を活用できるようシステム要求の設定をすることになった。

さらに、国際協力による開発を模索し始めた。日本は検討を開始したばかりであり、欧州ロケット「アリアンＶ」とＨ－Ⅱロケットとの相互運用性の検討、輸送機開発での相互利用や分担開発等の広い範囲での欧州との協力提案を持ちかけようとパリに乗り込んだ。ところが、欧州は日本より数歩先を進んでいた。ＮＡＳＡとは一九九二年末より欧州輸送機検討を実施、一九九四年三月にはこの輸送機によるＩＳＳ補給を欧州の貢献分とすることをＮＡＳＡと合意していた。ミッションとしては、Ｎ

ＡＳＡにもメリットがあるＩＳＳ燃料輸送や軌道変更などであり、その作業は一九九五年秋の欧州宇宙機関閣僚級理事会の承認を目指していた。そのため、新たな国際間調整事項を持ち込みたくないのが本音で、協力提案要請については、閣僚理事会の決定の後に検討をすることになるとの状況であった。特に、冷戦崩壊後、欧州はロシアとの協力を着実に進めており、米国からＩＳＳのリスクマネジメントの観点でロシアに頼っているＩＳＳ軌道制御を欧州が補完することを要請されていたことが分かった。

一九九五年一〇月、欧州宇宙機関閣僚級理事会において、上記の欧州輸送機の開発が承認された。その後、欧州より互換性や相互運用性を含めた技術検討を行って日欧双方にメリットができるような協力推進の重要性が認識され、技術調整会合で進めてゆくことになった。

「こうのとり」紆余曲折の開発

一九九四年一二月にはようやくＩＳＳ輸送機のシステムの基本要求が固まってきたので、これを基に概念設計を推進するチームを設置することになった。一九九五年度からＨＴＶの研究に着手し、この研究成果を踏まえ、一九九七年度には六トンの船内物資のみの輸送を行う形態で基本設計、開発試験に着手した。その後、船外機器の輸送要求の高まりから二〇〇一年度に船内と船外物資を同時に輸送する混載形態を基本とする設計に見直した。併せて、シャトルやロシアのミール宇宙ステーションの事故による追加安全要求に対する設計の見直しなどを行った。ＩＳＳに接近する無人輸送機の経験はＮＡＳＡにはなく、ＨＴＶの設計の進捗を踏まえて安全要求が新たに構築されていった。要求が増加したため、打ち上げロケットの能力不足が懸念事項となり、二〇〇三年度に打ち上げロケットがより強力なＨ―ⅡＢに変更され、貨物を含む全体の重量は一六・五トンとなった。これが現在の形態となっている。

同じ頃、米国ではシャトル退役が発表され、また新たに民間の宇宙船利用へと米国のＩＳＳ対応の舵が切られた。このことは信頼に足る輸送機が存在しなくなることを意味し、ＩＳＳプログラムの中でＨＴＶは不可欠と認知され、ＩＳＳ参加機関でＨＴＶを飛ばすための運用計画の具体化へのプレッシャーが高まった。文章上だけで意味のない制約は除外条項が加えられ、現実的な運用方法に刷新されていった。それまで何度もＮＡＳＡと厳しい調整を続けてきた担当者には「まるで渋滞をぬけたような不思議な感触」であった。

これら紆余曲折の要求変更と設計変更等の結果、二〇〇五年一月にＮＡＳＡが参加し、製造に着手するＧＯ／ＮＯＧＯを判断する大規模な詳細設計審査会フェーズ１（ＣＤＲ＃１）が開催された。ＮＡＳＡの期待も大きく、瞬く間に膨大な英語で書かれた指摘票が集まってきた。指摘票は一〇〇〇件を超えており、約一か月間で調整処理する時間との格闘が始まった。その後も、詳細設計審査会フェーズ２（ＣＤＲ＃２）、認定試験後審査会を終えて二〇〇九年九月の打ち上げを迎えた。ＮＡＳ

Aから局長を含めて二〇人以上が種子島射場にきて打ち上げを見守った。結果は成功！

この打ち上げに先立ってHTVの愛称が公募され、「こうのとり」と名付けられた。

二〇一六年末までに六号機までが打ち上げられ、定時打ち上げ、定時到着を行っている。変遷時期が終わり、宇宙船の新時代の幕開けに入った。

ISS運営で頼られる立場に

「こうのとり」を開発したことで最も大きく変わったのは、自前の輸送手段をもったことにより日本の存在感が一気に上がったということである。つまり、米国の半ばお客様扱いから、国際物資輸送の任務を扱う立場になった。シャトル退役後、シャトルと同じ大口径のハッチを備えている輸送機は「こうのとり」以外にはない。船内の大型荷物は「こうのとり」のみが、また船外の大型実験装置も「こうのとり」のみが輸送できる。また、積載重量を比較すると、「こうのとり」は六トンの物資を輸送できるが、米民間貨物船ドラゴンは、三・三トン、米民間貨物船シグナスとロシア貨物船「プログレス」は二トンである。ちなみに、すでに退役したが、欧州のATVは七・五トンであった。

「こうのとり」の開発で得た技術

技術的な面でも得たものは大きかった。その一つがランデブー技術である。打ち上げロケットの誘導制御は、大陸間弾道ミサイル誘導技術の原理と共通する部分があるように、ランデブー技術やISSへ安全に接近する高い安全性設計技術は先端技術で他の分野への応用範囲が広い。「こうのとり」は秒速八キロメートルの猛スピードでISS直下一〇メートル付近に近づき、ISSのロボットアームでつかみ結合させるという世界初の技術を採用している。この技術は、実質上の標準方式になり、ISSにランデブーする宇宙機として、「こうのとり」に続いて米国スペースX社のドラゴンと米国オービタル社のシグナスの二つが加わったが、どちらも「こうのとり」が開発したランデブー技術を応用して使用している。

高速飛行する「こうのとり」とISSのすべてのタイミングをとるのは〝神業〟ともいわれる。JAXAは一九九七年に打ち上げた「おりひめ」「ひこぼし」の二つの衛星を結合・分離させる実験などで培った経験を生かしドッキングは秒速二〇ミリメートルが許容想定誤差としたが、実際の結合時では「わずか秒速一ミリメートル弱の誤差だった。

また、「こうのとり」は宇宙空間を移動する宇宙機として初めて、ISSに求められるのと同じレベルの安全要求性能を満足し、NASAの審査をクリアーした事例として知られている。そしてその高い安全設計技術は、自動車搭載システムにも活用されている。

国家としての存在感を国際社会に示す

航空宇宙産業は、技術開発や運用技術で国の成長や国際競争力として国家のプレスティージ（権威、存在感）を国際社会に示すことができる。

「こうのとり」は自分で自分の位置、姿勢、進行方向等を自動で制御できる能力を持ち、人が滞在するのに必要なシステム（電力・水・空気の供給設備）こそ備えていないものの与圧部を持っており、小型の宇宙船といえる技術を有していることは国際的な存在感がある。国際協力の実態は、利用されるか利用するかという綱引きの舞台である。協力が成立するには参加するプレーヤーが協力に値する技術をもっていなければ相手にされない。米国と日本は友好国であっても、様々な意見や国益の相違が存在し、かつ対米輸出に頼る日本にとって米国の意向を無視することはできない。自国の独立性を確保してゆくには技術的に米国を凌駕する「こうのとり」のランデブー技術のような高い技術が必要である。

一九九三年の立ち上げから四半世紀近くが過ぎたが、「こうのとり」の開発を通じて日本のプレステージとして世界に高い技術を示せたばかりか、ＩＳＳへの接近方式は実質上のＩＳＳスタンダードになった。シャトルが退役するという予想外のことが起き、米国政府の政策にも変更があったが、強い信念を持ち続けることで、ついに希望はかなうことになった。

第二部

「きぼう」はいかに運用されているのか？

第五章　システムエンジニアリングとプロジェクトマネジメント

「きぼう」という巨大システムの開発・運用

第一部では、いかに日本が「きぼう」の開発を通じて有人宇宙技術を獲得してきたかを、主に技術的な側面から見てきた。第二部では、その開発において、また、その後の運用において得てきたものについて、主に組織や人、マネジメントなどのソフトの部分について紹介する。

宇宙開発は、いずれも大型プロジェクトであり、また非常に多くのシステムから成り立っている。その中でもＩＳＳ建設プロジェクトは人類史上最大規模のプロジェクトである。ＩＳＳ建設をプロジェクトマネジメントという視点で見た時、その特徴として次のような点が挙げられる。

①米国、日本、ロシア、カナダ、欧州の世界一五か国が参加する国際協力プロジェクトであること
②一九八四年のロンドンサミットで提案されて以来、四半世紀経った現在まだ進行中の長工期のプロジェクトであること
③地上四〇〇キロメートルの上空につくられた極めて部品点数の多いプロジェクトであること（自動車や列車の部品点数は数万点であるが、「きぼう」は約二〇〇万点にもなり人工衛星五台分に相当する）

④人類史上初の大型宇宙ステーションであるために、ほぼ全てが未開発、未運用技術であること

六人が常駐する施設であり安全確保が最優先され、二重、三重の安全設計が要求されること

また、加えて「きぼう」はスペースシャトルで打ち上げられ、ISSに組み付けられてはじめて実験室としての機能を果たすので、シャトルやISSとの電力、通信、空気、排熱、結合機構等のインターフェイス技術調整が必須で複雑であることも特徴として挙げられる。さらに、従来の人工衛星やロケットは地上ですべてを組み立て、試験ができたが、「きぼう」は、結合されるNASAと欧州のモジュールの組み立て順が早く、先に打ち上がってしまうために軌道上でしか試験ができないという困難さもあった。

このような日本では経験のなかった有人宇宙開発に対処するため、国内の大学・研究所を総動員して先端技術を結集させ、ピーク時には国内企業約六五〇社が参加した。国内、国外の企業はそれぞれ異なる技術基盤をもち、場所も日本全国と世界に点在しているため、個々の技術目標を整合のとれた状態にし、きぼうの打ち上げ期限までに、個々のスケジュールを整合させてコントロールする全体計画管理、全体を掌握する総合力と海外企業群を統括してゆくマネジメント力が必須となった。

さらに、打ち上げ時期は、国家としてのプレゼンスを示す上で支障のない時期にすることが必要だった。このため、開発経費と運用経費は厳しい制約があり、経費が技術面、コスト面のリスク要因にならないようリソース管理が重要な要素となった。

アポロ計画が産んだ「システムエンジニアリング」と「プロジェクトマネジメント」

国の予算で実施する技術開発は、将来の先端技術を獲得するためのものであり、技術優先でビジネスには成り難いものである。米国ケネディ大統領が、一九六一年に「一〇年以内にアメリカ人を月に送り、地球に戻す」と宣言したアポロ計画は、当時宇宙開発でソ連に大幅に遅れをとり、科学技術での優位性に自信を失いつつあった米国の国民と、ピッグス湾事件での失態で苦境にあった政権が、状況を大きく転換するための戦略ミッションであった。また、ミッションの本質は、核戦力に基づく対ソ連の国家安全保障に直接関わる宇宙技術で優位性を確立すること。さらに、その背景となる広範な科学技術力を充実することであった。当時の米国政府は、この国家の「戦略ミッション」を、「月まで人間を送り、地球に戻す」という象徴的な「戦略目標」にしたのである。

月への有人飛行という戦略目標の達成には、本質的に何が必要であるかを明確にし、それに必要な技術やシステムを準備しなければならない。この複雑で巨大なプログラムでNASAが果たした重要な役割は、人類が初めて挑戦する技術開発で、国家目標の期限に、個々のプロジェクトのスケジュールを整合させてコントロールするマネジメントだった。

しかし、アポロ計画の成功以後、スカイラブ、スペースシャトル、国際宇宙ステーションプログラムと計画が大規模化、複雑化することにより、コストとスケジュール上の問題が起きた。

宇宙開発のような大型プロジェクトを遂行する上で重要なポイントは四つ。「構想計画」、「システムエンジニアリング」、「プロジェクトマネジメント」、「ＰＤＣＡサイクル」。第一部でも述べたように、これらの多くはアポロ計画とそれに続くプロジェクトにおいて確立されたものである。

目的の明確化と構想計画の策定

大型プロジェクトの遂行とは、端的に言えば、いくつかの戦略目標を決めて、その目標をどのように達成するのかのシナリオを作成し、さらにそのシナリオを複数のプロジェクトに展開し、戦略を具体的な活動（プロジェクト）の集合として企画、実行するというプロセスである。

アポロ計画はケネディ大統領が明示した期限に間に合わせるようにスケジュール管理を第一優先にした。期間を短縮するためにできるだけ既存の技術を使い、たとえ目標コストを超過したとしても期限に間に合わせることを優先した。期限を設定せず月面探査だけを目標にするとプロジェクト遂行の選択肢が広がり、目的が曖昧になる。目的が不明確だと、何を優先させるかという課題に直面する。多くの研究開発は新技術の開発が優先課題となりコストが後回しになりがちになる。アポロ計画では、目標期限までに「月まで人間を送り、無事戻す」技術開発を優先した。まだ誰ももっていない様々な技術を開発すること、そのための人材を集めること、巨大なシステムを統合させるシステム技術とマネジメントを確立すること、そして設定された目標期限にスケジュールを間に合わせることは、大きなリスクであった。

大型プロジェクトは表面的な目的と優先課題としての目的を理解しないと成果が得られない。その個別プロジェクトをいかにして、確実かつ効率的に実行するのかがプロジェクトマネジメントの役割である。

また、大勢の専門家が参加しそれぞれの専門的な立場から知恵を出してもらう必要があるが、個々のメンバーは最初は自分がどのように貢献できるか分からないので意見を出すのが難しい。そのため、まずあるべき姿としての構想計画を提示する必要がある。構想が出されると多くの専門家は触発されて的を射た意見が出てくる。ここで逐次修正して構想を仕上げてゆく。このプロセスを概念検討と呼んでいる。

この概念検討により全体システムが固まると各構成サブシステム間のトレードオフ作業を行う。トレードオフ作業とはある要素を優先するために他の要素を犠牲にせざるを得ないケースで、どちらを選択するかを判断する作業である。これが行えるようになると、ある部分を変えると全体システムがどうなるのかの感触が理解できるようになり、全体を定量的に把握できる。構想計画が固まってくるとプロジェクトに参加するメンバーは、全体と自分との関わりを正しく理解し、行動を開始する。逆に言えば、全体がみえないとチーム員は積極的な行動をしないし、時には振り出しに戻る可能性がある。

プロジェクトが進んだ段階で振り出しに戻るような事態になると、チーム運営の効率が悪くなり、プロジェクトの失敗につながる危険性がある。このため宇宙開発では、構想計画を一番大切にしている。構想計画は、複数の計画案を立案し、多方面の評価をして、トレードオフの検討をする。その上で評価の高いものを最終案として選ぶ。この構想計画の決定には、構想内容、コストとスケジュールを関係者と合意する必要がある。合意がないと、後から不要な追加要求や、変更要求が出てコストもスケジュールも大幅に変わってしまい、プロジェクトは失敗に追い込まれることになる。このリスクを避けるためにも、構想計画をプロジェクトの最初の段階で固めることが重要である。

システムエンジニアリングの活用

大型プロジェクトでは資金も大きく、また沢山の人間が参加するので、マネジメントの悪さはコストや時間に多大な損失を与える。マネジャーは時間、性能、コストに対して定量的な把握をしていなければ、プロジェクトの運営はできない。初期にプロジェクト計画を設定し、プロジェクトを変更した場合の影響を、定量的に判断して方向変更を行ってゆくのが成功のコツである。このための方法として、システムエンジニアリング（SE: Systems Engineering）というプロジェクトを定量的に把握する手法が米国で開発された。

米国では、一九五〇年代に国防省の弾道ミサイル開発で大幅なコスト超過、性能欠陥、事故等の事例が多発した。当時のやり方は、システム開発の実現可能性の検討が終了し目途が立ってから、ハードウェアの開発を始めるというやり方だった。計画が大型化するとシステムが複雑になるので、コス

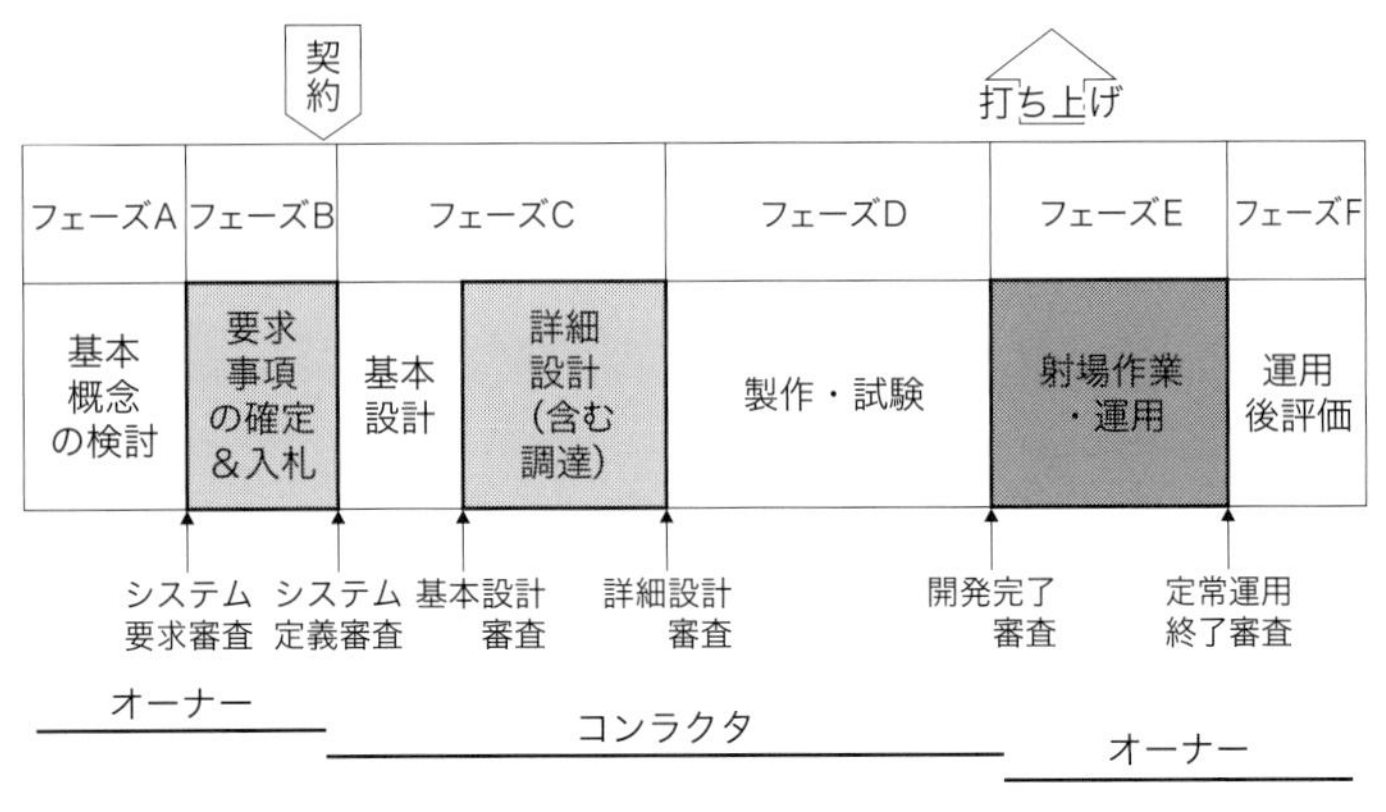

図5-1　宇宙開発の段階的プロジェクト計画

トを下げ、かつ合理的にまとめ上げる必要がある。このために、システムを細分化し、トレンド解析やトレードオフなどの解析手法で検討し、最後にシステムを統合させるという手法がとられる。そしてこれらの作業をマイルストーン毎に決着をつけながら進まないと、作業に混乱が生じてしまう。ここで採用されたのが、フェーズド・プロジェクト・プランニング（段階的プロジェクト計画）であり、米国ではアポロ計画やISSはじめ現在の宇宙開発計画のすべてに採用されている。

この手法では図5－1に示すように、プロジェクトをいくつかのフェーズに区分する。

フェーズA（予備的分析）：プロジェクトの目標設定からプロジェクト構想検討

フェーズB（計画の確定）：種々の概念を整理し明確なプロジェクト構想確定。システムの試作

フェーズC（設計）：設計仕様を確定部品・材料の調達、

運用計画の検討

フェーズD（開発）：製造、検査、インテグレーション試験

フェーズE（運用）：宇宙機打ち上げ・運用

このフェーズ（段階）手法は各段階で種々の作業を終わらせて、次の段階に進んだら後戻りをしない業務遂行システムで、従来の業務を大きく改善した。

国防省やNASAはこの手法により長く段階的手法を踏襲したが、前半に時間をかけた割には後半での変更が多くなり、スケジュール延期やコスト超過が発生した。そこで、近年ではボーイング社が航空機開発で実績を上げたコンカレント・エンジニアリングという手法を取り入れるようになってきている。この手法は、例えば概念設計、技術解析、生産設備設計などの各種作業を、順次オーバーラップさせて進める手法である。この手法では、段階的手法に比べて個別チームに権限委譲がされるが、各チームのコミュニケーションを集中管理しながら設計概念を共有しつつ、専門家チームが統合的な開発手法を使いながら全体をマネージしていく。これによりスケジュール短縮と高品質な成果を目指すものである。

ＩＳＳでは、二〇〇三年のクリントン政権での再設計以降、ボーイング社をプライムコントラクタ（元請け）とし、この手法をＩＳＳに応用すべくＮＡＳＡの作業に参加させた。

各種作業をオーバーラップさせるとはいえ、ミッション要求を決めるときに、システムの実現性が

なければならない。そのため初期の段階で、運用コンセプトや要求の検証可能性を含めて、ある程度のシステム設計（概念検討）が必要になる。逆に、これらがきちんとしていれば、その後はプロジェクトマネジメントとして計画通りに製作・調達管理とインテグレーションと試験を進めればいいということになる。すなわち、システムエンジニアリングで最も重要なのは初期段階におけるシステム設計なのである。フェーズAとBを計画全体の二〇％くらいの時間をかけて実施すると、コストの超過を抑えることができるばかりでなく、失敗の割合を極端に減らすことができる。

PDCAサイクルの実行

大型プロジェクトは複数のシステムで構成され、各システムは複数のサブシステムをもっている。それゆえ複雑であり、複雑であるがゆえに起こる問題がある。たとえ一つのシステムにだけコストをかけても、別のシステムが悪ければ全体がダメになる。さらにプロジェクトが複雑になれば、全体の定量的把握が難しくなる。分割されたサブシステム以下の要素やそれを分担する関係者が増大することにより、リスク確率が増える。

このように、大型プロジェクトの場合は、計画、実行とも定常業務より困難が多い。たとえばISSの場合は、マネジメント対象が経験のない新しいものであり、かつ大規模なので、計画の精度が低くならざるをえない。さらに実行フェーズでも、チーム員が不慣れで遅れやコストアップが多くなる可能性がある。また組織もチーム員も経験の蓄積が不十分であるため、計画も実行も困難が大きい。

そこで、すべてのプロジェクトは、ＰＤＣＡサイクルと呼ばれる手法を取っている。ＰＤＣＡとは「計画（Plan）」、「実行（Do）」、「評価（Check）」、「是正（Action）」の頭文字をとったもので、ＰＤＣＡサイクルはこの順に四段階を回していき、これを繰り返すことで業務を改善し、仕事の質を高めていくものである。この手法では、全体と各システムやサブシステム間のバランスがデザインのポイントである。これらを定量的に把握することで、プロジェクトが軌道からそれたときの修正が容易になる。

段取り八分

宇宙開発プロジェクトは、先に述べた「システムエンジニアリング」と「プロジェクトマネジメント」をベースに、安全性・信頼性を確保しながら実行している。具体的には、プロジェクトの成果物をつくるシステムエンジニアリング業務と、プロジェクトの品質、コスト、スケジュールを効率よく行うプロジェクトマネジメント業務から成り立っている。

概念設計の段階では、ミッションを実現するニーズは十分あるのかという、費用対効果の解析を行う。一般的に顧客の要求は明確でない場合が多いため、やり取りを十分行ってミッションの要求を固める必要がある。また、定められた制約条件の中で品質、コスト、スケジュールのバランスとマージンを考慮することが重要になる。このバランスに基づいて現状の技術でリスクを最小に抑えた上でシステムが十分成立するという見通しを立てる。この時に、品質・コスト・スケジュールのいずれかを無理に削ると他にしわ寄せがいき、それがリスクとなって返ってくるので、事前にリスクを識別して低減策を立てる必要がある。その際、先人の知恵や経験として求めた教訓があれば、成功例よりは反面教師の事例として活用する。

さらに、図5－1のように各フェーズごとに審査が行われる。まず、フェーズA審査として、概念設計の終わりにミッション要求事項を確定するミッション要求審査を受ける。そして、その要求に基づき計画を決定して、フェーズB終了の審査である「システム定義審査」を受ける。これはミッションを確定するための審査で、開発を発注するために必要な技術要求・コスト・スケジュール・体制などが確定しているかどうかを確認するものである。特に、技術リスクが開発初期に解決できるめどが立っているかどうかをチェックする。次にフェーズC中間の審査である「基本設計審査」は、基本的な設計が固まり、必要な技術、コスト、スケジュール、体制が詳細な設計をする上で固まっているかを確認するものである。ここで発注側と受注側が総力上げて課題を解決してゆき、次のフェーズC後半の詳細設計を開始する前に問題点の洗い出しをして可視化することで、それらの問題点をチーム員が認識できプロジェクト成功に寄与する。特に重要なのはフェーズAで「何をすればミッションが成功するのか」を見つけ出すことである。

これまでの宇宙開発の実績から推測すると、フェーズAとBで成功の八割が決まると言っていいだろう。まさしく、段取り八分、なのである。

宇宙開発プロジェクトの審査の方法

受注者は、契約後に様々な要求書をもとに詳細な技術仕様書を作成し設計を開始する。さらに各フェーズごとに審査を受ける。審査会は説明会と審査会に分けて行う。審査委員は技術の専門家、研究者、安全・信頼性の専門家たちである。審査会では、受注者も発注元のプロジェクトチームと共同で審査を受けることになる。審査される側は、設計・データ・試験などを記述した技術仕様書集と審査内容を集約した資料を作成し、説明会ではプレゼンテーションを行う。審査員は、気がかりな事項を指摘票に書いて審査される側に提出する。指摘票を受け取ったプロジェクトチームでは、回答を書き、指摘者と調整する。指摘者が納得するまで調整を繰りかえす。この調整時間が必要なので、審査会は説明会の数週間くらい後に開催する。大きなプロジェクトでは、千件以上の指摘票が出ることがある。

審査会では、限られた時間で議論を深めるため、指摘票調整で解決できなかった事項や、審査委員全員で合意をとるべき重要事項に絞って一件一件、丁寧に内容をチェックしていく。各分野の専門家が審査会でチェックして処理が妥当だと判断されると、アクションを設定する。そして、期日までにアクション課題を処理することを条件に次の開発段階へ進むため審査員の評決をとる。

審査を指摘票で処理するのは、公式な要求条件の変更になるので証拠記録として残すためである。この審査の仕方は、NASAも欧州宇宙機関も同じ方法をとっている。日本実験棟「きぼう」や国際宇宙ステーション補給機「こうのとり」開発の審査会では、同様の方法でNASA、欧州、カナダ等のISSパートナーを参加させる国際審査会として開催した。

ミッション要求定義

システム開発に際しては、「誰のために（顧客）、何のために、いつまでに、どのような製品・成果物を提供するのか」が、明確でなければいけないのは当然であるが、併せてすべてのステークホルダーの意見、期待、ニーズにも整合性がなければいけない。

まず、顧客は誰であるかを正しく認識する必要がある。例えば、地球観測の場合は、社会的ニーズや政策的要求のために開発・運用するのを目的とするが、最終的に顧客を代表することになる政府機関や業界との間に最初はミッションの意義・目的の共通認識がない場合がある。そのため、意義や目的の正しい把握が重要で、システム開発の担い手との間で相互に正しい認識を持つことが出発点となる。この点、科学衛星の場合は明確で、顧客は科学者・学界であり、ニーズをとりまとめるのはプロジェクトサイエンティストの役目となっている。

コンフィギュレーション・マネジメント（要求変更管理）

航空宇宙システムのような高度な技術を要求される巨大プロジェクトにおいては、プロジェクトの機器やソフトウェアの変更が、別の要素の性能に致命的な影響を与えることになる場合がある。「きぼう」の開発でも、ＮＡＳＡの装置との組み合わせ試験で、指令信号（コマンド）が相手に届かない事態が起きた。原因究明の結果、ある「きぼう」開発企業のソフトウエア担当が要求仕様の変更の合意を経ないでソフトウェアの修正を行ったためであった。これは、開発当初は「きぼう」開発企業も変更管理を軽く考えており、管理のしくみと体制がきちんとできていなかったことによる。

ＩＳＳのような巨大な宇宙システムを開発するためには、膨大な数の開発文書、図面、解析書、インターフェイス文書、検証要求文書等が必要になる。それらをプロジェクトの完了まで適切に変更管理をする必要がある。

宇宙ステーションは一五か国が関与しているため、変更管理の承認は容易ではないが、電話会議、電子メール、調整会議での議論を迅速に行うようにしている。問題が大きいものは、やはり合意まで時間がかかる。重要な事項ではトップレベル間の判断で結論を出していく。

また、プロジェクト遂行過程の不具合や変更事項を記録することを義務づけている。これは、宇宙に打ち上げられた後トラブルが発生したときに、原因を究明し不具合の処置ができるようにするためである。さらに、不具合の情報についてはノウハウや知財に関わる部分を除き外国を含めた他のプロジェクトに情報を提供するとともに、逆に他のプロジェクトの情報も提供してもらい、類似の不具合が発生しないように情報共有をしている。プロジェクトの変更にかかるコストはフェーズが進めば進むほど指数関数的に膨大なものになる。

変更管理のまずさが、スケジュール遅延やコスト超過の原因となることが多い。これを避けるために変更要求をプロジェクト全体からみて整合がとれるように管理していく活動を「コンフィギュレーション・マネジメント」（要求変更管理）と呼ぶ。プロジェクトでは審査会で決定されたスコープ（プロジェクトの対象となる範囲、成果物やそれに必要な作業など）、要求仕様、コスト見積もり、スケジュール等の基本路線がある。この基本路線は、その後の設計変更や作業の変更管理の出発点として設定されたものである。コンフィギュレーション・マネジメントは、この基本路線の維持と変更に対する管理をうまく遂行するために、米国国防省とＮＡＳＡが開発したシステマティックな一連の手続きである。

プロジェクト開始後のスコープ変更や仕様の変更は、契約変更と考えるべきもので、変更要求書を作成し、変更管理会議（CCB: Configuration Control Board）で正式にその採否を審査する。その上で、変更に伴う文書改訂と契約変更を行うことになる。

コンフィギュレーション・マネジメントは、ＣＣＢによって管理されており、全体システム、各機器の仕様、インターフェイス規定等のコンフィギュレーション文書の審査・修正・承認および維持管理を行っている。変更が発生した場合には、組織として変更文書を制定し、その内容を関連する文書にタイムリーに反映する管理プロセスが必須である。その理由は、地上開発でも宇宙でもトラブルが発生したとき、原因は変更箇所から発生している場合が多いからである。さらに、問題を早い段階で発見し対処するため、関係者には情報をある程度開示することも必要である。ＩＳＳでは、国際共同管理文書で厳格な変更管理プロセスや技術資料等のデータベース化等を規定している。

有人宇宙開発の信頼性向上

宇宙開発は信頼性設計が重要である。さらに有人宇宙開発には安全性設計が加わる。

安全の基本概念の一つに、機能を停止すると安全になるように設計するという手法がある。地上では、電車も自動車も止まっていれば安全となるので、緊急時には自動的に機能を停止させる安全設計になっている。これをフェイル・セーフ（Fail Safe）という。航空機でも、一〇〇万分の一以下の事故率で、バックアップを二つ持つツー・フェイル・セーフ：二故障安全（Two Fail Safe）になっていて、エンジンが一つ故障した場合は飛行を続けるが二つのエンジンが故障した場合は、滑空して地上に着陸するように設計されている。

有人宇宙船では、シャトル事故にみるように、まだ技術的には成熟していないので、数一〇〇分の一程度の事故率であり航空機に比べてリスクが高い。ＩＳＳでも、二故障安全の要求があるが、さらに宇宙で修理や保守を行うことが安全要求に入れられている。

「こうのとり」設計での徹底した単一故障点排除

日本には有人安全に適合した宇宙船設計の経験がなかったため、NASAの安全審査を受けるたび、に次々新しい項目が指摘された。課題に対して、最小限の変更とリソースで対処することに知恵を絞ったが、どうしても設計を変更せざるを得なくなった部分も多かった。当時の状況を振り返って「こうのとり」のシステム設計を担当していた佐々木宏氏は、当時の大変だった頃を振り返って次のように語っている。

ロシアの無人貨物船「プログレス」がロシア宇宙ステーション「ミール」へ衝突した事故(一九九七年六月)の水平展開として、大きな課題となったのが「衝突」に対する安全性の保証であった。「こうのとり」の電気設計は、衛星の設計を踏襲しており、電源バス(衛星の基本機能に必要な機器を「バス」と呼び、ここでは電源部を差す)は一つの堅牢なバスを作り、それに保護回路を介して機器接続する方式で、すでに基本設計審査でも了承されていた。しかし、NASAは、どんな堅牢なバスであっても壊れることがないとは言えない、できることはすべてやるべきとの考え方を重視して、「こうのとり」の電源バスは複数とすべしとの通達してきた。電力系以外の冗長構成まで変更することになり、このような大幅な変更は既に困難な時期であったため、大いに困った。

「衝突」という危険が立ちはだかっており、一方で「二故障しても衝突しない」ことを確保するために、単純に機器を追加すれば重量が増大し、複雑さが増して信頼性も低下する。そこで、故障時のバックアップを準備するだけでなく、故障機器の伝搬によりほかの機器が故障するまでに時間がある場合、緊急避難すれば安全が確保できることも考慮した。あらゆるケースの星取表を作成し穴がないかチェックしあらゆる知恵を絞った。

その結果、最終的には二本の主電源バスを作り、両方からすべての電装機器に均等に配電できる設計に大幅変更し、故障を検知して短時間に緊急避難する手順を構築した。

宇宙は重力との戦いで過剰な安全装置を持つことができない。「装置に不具合が出たらどうなるのか、どうするのか」を考えて構成要素の重要度を識別し、不具合が出てもミッションを達成するためにバックアップ機能を持つようにする。例えば、重要な要素である生命維持装置や電源装置は単一故障点があると、一つの故障で致命傷になるので、この故障点をなくすようにする。

これを実現するためには、部品の信頼性を高める品質保証や装置に組み込まれているソフトウェアの品質保証が重要で常に監査の対象にしている。また、試験の仕方も重要で、「宇宙で運用する時のように試験をして、試験した時のように運用する」（Test as It Fly, Fly as It's Tested）のが原則である。試験をしていない運用方法を行った際に不具合が出たことがあるため、「地上で試験していないやり方は宇宙ではやらない」のが安全だからである。

ちなみに、ハードウェアとソフトウェアともに設計段階に起因する不具合が五〇％以上を占めており、運用での不具合は人間のミスによるものが多い。

システムの信頼性を支える考え方

システムという言葉は、アポロ計画のシステム技術から世の中に広がった。システムは「構成要素の集まりで、目的を達成するために機能する仕組み」として定義されているが、実態は、「ハードウエアとソフトウェアのシステム」、「段取りと手順」、「体制（人）」の三つが入ったダイナミックなミッション達成のための仕組みである。よいシステムとは、安全で使いやすく、長もちして、修理しやすいことが理想である。そのため、要素の重要度に応じて、種々のバックアップ機能を持ち、運用時に誤りがあり不具合が出ても回復でき、ミッションを達成させる必要がある。人工衛星は無人なので保全性と運用中の安全性への要求は薄いが、有人宇宙船には人間に関する厳しい安全要求がある。そこで、システムの信頼性を高める方法として、航空機や自動車と同じく宇宙船も、バックアップを持たせる。

バックアップの考え方は、人の集まりであるチームにも適用できる。縦割りの指示命令系統では、伝言ゲームのように信頼度が低下する。「毛利元就の三本の矢」や「三人寄れば文殊の知恵」のように、チームが協力して働く仕組みは信頼度が高まる。このため、メンバー個人の自覚だけではなく、チーム全体を統括してゆくリーダーシップと、メンバーが協力して活動するように促すマネジメントが大切になる。

初めて開発するものは、未知の分野で、考えに考えて、PDCAサイクルを回し成熟度を上げるが、当初の考えが正しいかどうかは実際にやってみて、その結果を反省して、考え方を改良して成熟度を上げる活動である。うまくいけば当初の考え方は正しかったのだが、うまくいかなかったときには、不具合を識別し、根本原因まで踏み込んだ分析を行い、原因の除去を行わなければならない。

有人宇宙開発での品質管理

「きぼう」の開発・運用・利用においては、NASAからのプログラム要求を受け、これまでの人工衛星の開発や運用で培った品質管理の経験に、有人宇宙システムならではの観点を加えた厳しい管理を行ってきた。さらに、関連が深い安全性、信頼性、品質等の管理を統合的に管理して、安全・開発管理活動に従ってプロジェクトを推進している。

有人信頼性管理の特徴は、故障許容設計、故障検知・分離・回復と部品材料管理である。人工衛星では、冗長構成（一故障許容）と冗長なしの設計が多いが、有人宇宙船では、宇宙飛行士の生命とＩＳＳ全体の損傷に関わるハザードに対しては、三重冗長（二故障許容）が要求される。また、復旧処置として宇宙で宇宙飛行士が交換・修理することができる。宇宙船では、火災、有毒ガス、構造破壊等が最重要なハザードであり、設計段階から部品・材料の選定をし、部品、材料、コンポーネント、サブシステム、システムの各レベルでの設計要求に対して認定がなされ、さらに可燃性試験とオフガス試験等を実施して厳しく管理していく。試験で異常が発見された場合には、原因究明のための故障解析を実施し、結果を設計に反映して是正措置をとらなければならない。

ソフトウェアの安全・開発保証管理も信頼性管理の要素の一つである。ＩＳＳのフライトソフトウェアと地上システムのソフトウェアは、ＩＳＳの活動に直接関わってくる。宇宙飛行士の安全対策として、動作させたいときに正しく動作し（must work function）、動作してはならないときに誤って動作しない（must not work function）ように、ソフトウェアの故障許容性と一貫性などソフトウェアの安全・開発保証の管理を要求している。

ソフトウェアの開発、検証に使用されるコンパイラやデバッガなどのソフトウェアツールについても、使用前にコンフィギュレーション・マネジメントのもとに置かれる。

第六章　危機管理と安全対策

宇宙開発は危機管理ノウハウの宝庫

宇宙船は、一旦打ち上げられ、宇宙飛行を始めたら、地上の車や列車のように停まって修理をするわけにはいかない。飛行機であれば地上に降りれば安全は確保できるが、宇宙船は簡単には地球に帰還できない。宇宙から帰るためには、大気圏に再突入して特殊な大気圏の回廊を通らなければ、宇宙船が溶けてしまう。また、宇宙船内でも宇宙飛行士は、常時リスクの中にいる。たとえば、重力がない宇宙では自然対流が起きないので、吐いた炭酸ガスは口や鼻の周りにとどまり、そのままだと宇宙飛行士は窒息する。そうならないために、ＩＳＳでは起きているときも寝ているときも常に空気の流れを作っている。もし、電源が故障してエアコンが止まると生命維持ができなくなるので、電源のバックアップを備えている。このように、空気の循環のことだけでも宇宙飛行士は死と隣り合わせに生活している。

宇宙開発では、そうした特殊事情から予め起きそうなトラブルを事前に可能なかぎりすべて洗い出し、事故が起きないように設計に盛り込んでおくと共に、万が一起きた時に備えて宇宙飛行士や飛行管制官が対処できるよう徹底的に訓練している。つまり、危機管理としてトラブル対策を徹底的にシステムに組み込み、想定外をなくすようにしているのが宇宙開発流の失敗・ミス対策なのである。

ＮＡＳＡは、五〇年以上にわたる歴史の中で沢山の事故や重大な危機を経験してきた。打ち上げ前リハーサルで発生したアポロ一号の三人の宇宙飛行士が死亡した事故、アポロ一三号の奇跡の帰還、一九八六年のシャトル「チャレンジャー」の打ち上げ直後の爆発事故、二〇〇三年のシャトル「コロンビア」の大気圏突入時の空中分解事故……。ＮＡＳＡは、これらの失敗を徹底的に分析し、失敗をいかにしたら防げるかをチーム仕事術に生かした危機管理システムを作ってきたのである。

ＮＡＳＡの友人に「記憶に残るＮＡＳＡのすばらしさを示したミッションは何だと思う？」と聞くと「アポロ一三号の奇跡の帰還」と答える。

一九七〇年、三人の宇宙飛行士を乗せたアポロ一三号は、月に向かう途中、酸素タンクの爆発により、重大な電源損傷を起こした。コンピュータも生命維持装置もすべて電力が十分あってはじめて機能するが、その時点で電力が極めて限られた能力しか残されておらず、通常の方法では地球に到達できないことが判明。この危険な状況は世界中に重大ニュースとして放送され、世界の人々が固唾をのんで見守ることになった。一時は、乗組員の帰還は絶望と思われていたが、技術陣と運用管制チームの必至の努力により奇跡の地球生還を成し遂げた。わずかに残る可能性を活かし、考えられるあらゆる力と知恵を結集して危機を乗り切った出来事として有名になった。この出来事は、「決して最後の最後まで諦めない人間のすばらしさ」と「現実の危機に対処するための数々のヒント」を残した危機管理の事例集として今も多くの人が参考にしている。

ちなみに、この危機脱出を題材にした映画『アポロ13』で主席運用管制指揮官（フライトディレクター）のジーン・クランツが印象的な言葉を口にする。

「Failure is not an option」（失敗という選択肢は我々には許されない）

これは映画の中のセリフで実際にはジーン・クランツは口にしていないとされるが、今やＮＡＳＡを象徴する言葉としてＴシャツやマグカップなどがＮＡＳＡのショップで売られている。

危機管理技術は、シャトルによる「きぼう」の打ち上げ、ＩＳＳ本体への取り付けと運用、さらに、日本のＩＳＳ補給機「こうのとり」の開発と運用に活かされている。宇宙開発は危機管理ノウハウの宝庫である。

起きる可能性のあるトラブルを徹底的に検討する

危機管理は、トラブルが起こってから考えるものではない。普段から備えがあるからこそトラブルに対応できる。人間は必ずミスを犯す生き物であり、だからこそミスを犯した場合の対処が重要になる。まず、宇宙船が打ち上がり、宇宙に行き、様々な活動を行い、地球に帰還するまでのシーケンスで、起こりそうなトラブルを事前に徹底的に検討する。想定できるあらゆるトラブルを洗い出し、それらのトラブルがどのようにして起きるのか、運用手順にどう影響するかの分析を行う。つまり、すべてのトラブルの正体を見極め、そしてその対策を検討するのである。

宇宙開発先進国では、トラブルが起きた場合、いかに迅速で的確な対応をするか、繰り返し検討を行っている。一般の人から見れば、実際にはほとんど起こらないトラブルが大部分を占めている。

この活動は「What if analysis」(この事態が起こったらどうする)とよばれる危機管理の手法である。システムが複雑になればなるほどミスの発生確率は高くなっていく。また、大きな組織の場合、想定外のトラブルが発生した際に技術情報や現場の情報が責任者に伝わるのが遅れたり、正確ではなかったり、全く報告が上がらない場合もあり、迅速な意思決定ができないことがある。そこで、運用開始からミッション達成まであらゆる事態を想定して分析を続けていく。こうしてトラブルが起きた時に想定外をなくしていくのである。いくつか具体的な例を挙げよう。

「きぼう」船内保管室で電源停止?

最初の例は、「きぼう」船内保管室の打ち上げである。スペースシャトルは、打ち上げ後、宇宙空間に到達してすぐに船内保管室を収納している荷物室の屋根を開く。この屋根はラジエーターを兼ねており、シャトル自身の熱を宇宙に放出するためである。つまりシャトルに搭載された船内保管室は、打ち上げ後すぐに宇宙空間に直接さらされるので温度がマイナス二〇度Cくらいに下がる。保管室の搭載装置には、ＩＳＳ到着後に使用する冷却水が入っており、保温しなければ凍結による体積膨張で配管が破裂し、軌道上で使用できなくなる。そこでシャトルから電源をもらい、船内保管室のヒーターで保温する方針だったが、設計当初は、コスト削減で電源を一系統だけしか用意しないことになっていた。ＮＡＳＡによれば、スペースシャトルの荷物室への電源供給が停止したことは過去に一度もないという。しかし、「スペースシャトルから電源が切れたらどうするのか？　電源停止は、一〇〇％ないといえないだろう」との指摘がＪＡＸＡ内部からでた。可能性が低いとは言え、起きる可能性があるトラブルだった。「きぼう」特別点検チームで検討した結果、万が一凍結してしまったらどう工夫しても配管破裂は免れない。もし三回に分けた「きぼう」組立ての最初の船内保管室が失敗すると、以降の打ち上げは大幅に変更が生じ、打ち上げられなくなる可能性が高い。最悪、「きぼう」は博物館行きになってしまうだろう。このような状況から、なんらかのバックアップ手段を設けるべきであるとの結論になった。ＮＡＳＡと粘り強く交渉した結果、シャトルからさらに電源を一系統もらい、船内保管室も改修することになった。緊張して迎えた「きぼう」第一便の打ち上げは、すべて順調に進み、土井飛行士が船内保管室をスムーズにＩＳＳに取り付け、大成功だった。ちなみに、心配していたシャトルからの電源供給が停止する不具合は起きなかった。

宇宙船の空気もれ、飛行士の命はどうなる？

もう一つは宇宙船の空気もれ試験の例である。ＩＳＳで発生する気圧低下の原因は、船内と船外を仕切っているシール部の損傷、打ち上げ時や軌道上で発生する荷重過多による構造破壊、また、隕石やデブリの衝突などが考えられる。当初、ＮＡＳＡは宇宙船からの空気漏洩について、ヘリウムガスを用いて一つ一つシール部の漏洩試験を実施することで安全要求を検証することにしており、欧州も日本もその要求を履行することとしていた。しかし、ロシアのＩＳＳ計画への参加により、この検証方針が見直されることになった。ロシアは、宇宙船を丸ごと真空槽の中に入れて漏洩試験を実施すべきだと強くＮＡＳＡに要求した。

ロシアでは過去にソユーズ一一号のミッションで宇宙船が地球へ帰還する際の空気漏洩で、宇宙飛行士が死亡した事故があり、その苦い経験を生かして空気漏れに対して厳しく検証するようになったためだった。この課題に対してＮＡＳＡも欧州・カナダ・日本を含めた参加機関は大型の真空槽の準備と試験に要するコストがかかることなどから、そもそも本当にその試験が必要なのか、との立場だったので、かなり長い期間激しい議論を行うことになった。結局、より厳密に宇宙空間に近い環境で試験をして安全・信頼性を上げるため、各国は最終組み立て状態で真空槽内での試験を実施することとした。ＪＡＸＡは、「きぼう」を真空槽に入れた気密試験を筑波宇宙センターで行った。結果は、「きぼう」の気密は米国の実験棟より一桁良く、非常に優れた気密性を有することが確認できた。その試験には、NASAとボーイング社が立ち会ったが、彼らがすべての試験が終了した際「日本もなかなかやるじゃないか」と表情を変えずにボソッと一言感想を言って帰っていった。

不具合を起こすのは宇宙だけではない

コンピュータによるハザード制御は、宇宙船だけに限らない。地上の装置の故障や運用管制員の誤操作により危険なコマンドが地上から送信される場合もある。地上から宇宙へのコマンド送信ルートでハザードが発生する可能性がある場合には、故障許容設計が要求され安全審査で承認されなければならない。運用管制センターでは、ハザードを引き起こす可能性のあるコマンドを識別する。たとえ手順ミスが発生しても安全性が維持できるように地上ソフトウェアで対応しなければならず、またそうした危険性の高いコマンドは、運用手順書に明記することとしている。

有人宇宙船の場合、宇宙船と宇宙飛行士の安全は、ハザードそのものの除去、ハードウェアやソフトウェアに対する冗長設計、および安全化設計により確保するのが基本であり、さらに安全の確保のために、宇宙飛行士の作業時の注意事項や手順の制約を設けることが必要になる。また、運用管制官は、最低限必要な安全確保を理解していなければならない。この運用によるハザード制御は、その内容に応じて、運用操作手順書、運用規則（フライトルール）、宇宙飛行士の訓練に適切に反映させることとしている。

宇宙船の安全設計は、あらゆるトラブルにも対処できるようにすることが基本である。そして、想定されるトラブルを発生させない工夫を設計に入れ込む。それでも対処しきれずに残ったリスクは人間が処置できるように非常装置の準備、その手順に習熟するまで訓練をする。

トラブルを想定する専門家は悪役になる。危機管理において、技術的に難しいトラブル、管理者にとって都合の悪いトラブル、業績に影響するような課題を避けるようになると、結果的に役立たないものになる恐れが出てくる。このため、宇宙船開発担当をトラブル洗い出し担当者にする場合には、その人の独立性を保証することが重要になる。組織にとって悪いことを洗い出し、指摘しなければならないので組織上の工夫も必要である。その検討に宇宙船の設計陣だけでなく宇宙飛行士も運用管制官も参加させ、英知を集めて、万が一にしか起こり得ない出来事でもリスクとして洗い出す。このやり方は、危機管理の手法として広い分野に応用できるだろう。

ジーンクランツ一〇か条

アポロ一三号のフライトディレクターであるジーン・クランツは自らの経験を元に一〇か条の教訓を残しており、それは宇宙飛行士をはじめＪＡＸＡ職員の原点ともなっている。

①先を見越して積極的に動く（Be Proactive）

②自分の担当は自分で責任を持つ（Take Responsibility）
③やるときは全力で手を抜かない（Play Flat-out）
④分からないことはその場で必ず質問し確認する（Ask Questions）
⑤考えられることはすべて試せ（Test and Validate All Assumptions）
⑥重要なことはすべて書き残す（Write it down）
⑦ミスは隠さない（Don't hide mistakes）
⑧システムを全部掌握する（Know your system thoroughly）
⑨次にくるものを常に意識する（Think ahead）
⑩チームワークを尊重し、信頼感を持つ（Respect your Teammates）

この中でリスク対応のキーワードは、四番目の「Ask Questions」（分からないことはその場で必ず質問し確認する）と五番目の「Test and Validate All Assumptions」（考えられることはすべて試せ）である。宇宙船に限らず、安全に乗り物を動かしてゆくためには、過去の事故の教訓を活かしていくことと、疑問に思ったことはいつでもその場で発言し、確認してゆくことが必要である。宇宙船は非常に危険な乗り物だからこそ、宇宙飛行士も、地上管制官も、マネジメントも、安全に対して疑問を持ったらいつでも問題点を指摘し、問われた側は守りに入らないで真摯にその疑問に答えるようにする姿勢を常に持つことが重要になる。

ＩＳＳで起きた謎の気圧低下

二〇〇四年正月明け、「ＩＳＳで原因不明の気圧低下が起きている」と、宇宙飛行士から地上管制官に緊急連絡があった。気圧低下は一二月二二日から発生しており、毎日、水銀柱で約二ミリずつ下がり続けていることが確認された。地上の技術部門は、ＩＳＳのどこかで空気漏れが起きている可能性があるとみて、宇宙飛行士にすべての実験棟や居住棟のバルブ故障や機体の亀裂等をしらみつぶしに探すように指示した。幸いなことに気圧低下量は小さく、当面生命に関わる危険性は低かったため、気圧の監視を強化していくことになった。

原因が分からず頭を抱える状態だったが、何日もかけて宇宙飛行士が徹底的に調査を行い、ついに空気漏れの箇所を発見した。米国実験棟の地球観測窓に接続されているホースの継ぎ手だった。原因は、地球を見るときに宇宙飛行士は窓に顔を近づけるが、ふわふわしている姿勢を安定させるため、手すりの代わりにこのホースを無意識に掴んでいたことだった。このためホースが何回も引っ張られて、亀裂が入り船内の空気がほんのわずかずつ外に漏れ出したのである。このホースを窓から取り外したところ、気圧低下はピタッと止まった。ルールでは、宇宙飛行士はこのホースを掴むことは禁止されていた。

これに対して、恒久的な対策が検討され、ホース全体を覆うカバーを製作し補給船で打ち上げることになった。そのとき、まだ地上にあった「きぼう」にも、同様の窓が二つあり、緊急にカバーを設計して取り付けた。日本の技術陣は、ＮＡＳＡと情報を交換しながら常にＩＳＳの不具合をモニターしている。宇宙船の空気漏れは直接生命に危険を及ぼすので、十分過ぎるくらいに注意をして設計してゆく必要がある。

安全設計手法

宇宙は、地上と異なり、過剰な安全装置を搭載した重いものを打ち上げることはできないし、打ち上げ後に問題が起きても容易に直すことができない。ミスが人の命に関わる場合には、リスクを徹底的に洗い出し、安全設計に盛り込む必要がある。異常が発生する確率が非常に小さくても、発生したら人の命が脅かされる場合には、「事故が起きる前に安全対策に取り組む」ことを宇宙開発では行っている。

例えば、ロボットアームで掴んだ荷物を移動させる時に、アームが暴走して実験棟に衝突、穴が開いて空気が漏れるような事故が想定できる。この場合の対策として、コンピュータのソフトウェアに誤動作防護対策を組み込んだり、ロボットアームの動作速度の上限を制限したり、アームの稼働範囲を設定し、アームが誤動作で動いてもストップさせるような機能を搭載している。また、ロボットアームの荷物を掴む機構には三つの独立した遮断機能が装備されている。これをインヒビットと呼ぶ。機械の故障や誤操作があっても、この機能が不意の動作を防ぎ、荷物を放出させない設計になっている。

宇宙の安全設計のポイントはハザード解析である。これは「安全を脅かす要因が顕在または潜在する状態（ハザード）をすべて識別、原因を特定し、設計や運用によってその発生を防止する」というプロセスで構成されている。事故は一〇〇％防げるわけではない。「安全」とは、リスクは存在しているが許容できる程度に抑えられている状態のこと。有人安全設計とは、安全を脅かすもの「ハザード」に如何に対応するかの手法である。つまり、ハザードを防御するためにハザードの洗い出しと識別、除去と制御のプロセスを行い、それでも残ったリスクが許容可能な状態であることを評価する。

この航空宇宙の経験に基づくシステムの安全手法は、リスク解析の先駆けとなり、国際的な安全規格として一般化されているものである。日本ではまだ、なじみが少ないが、世界では常識化しつつある。

主要な点をまとめて説明する。

ハザードの洗い出しと識別

まず、対象となるシステムやその運用に関係するハザードを故障木解析（FTA: Fault Tree

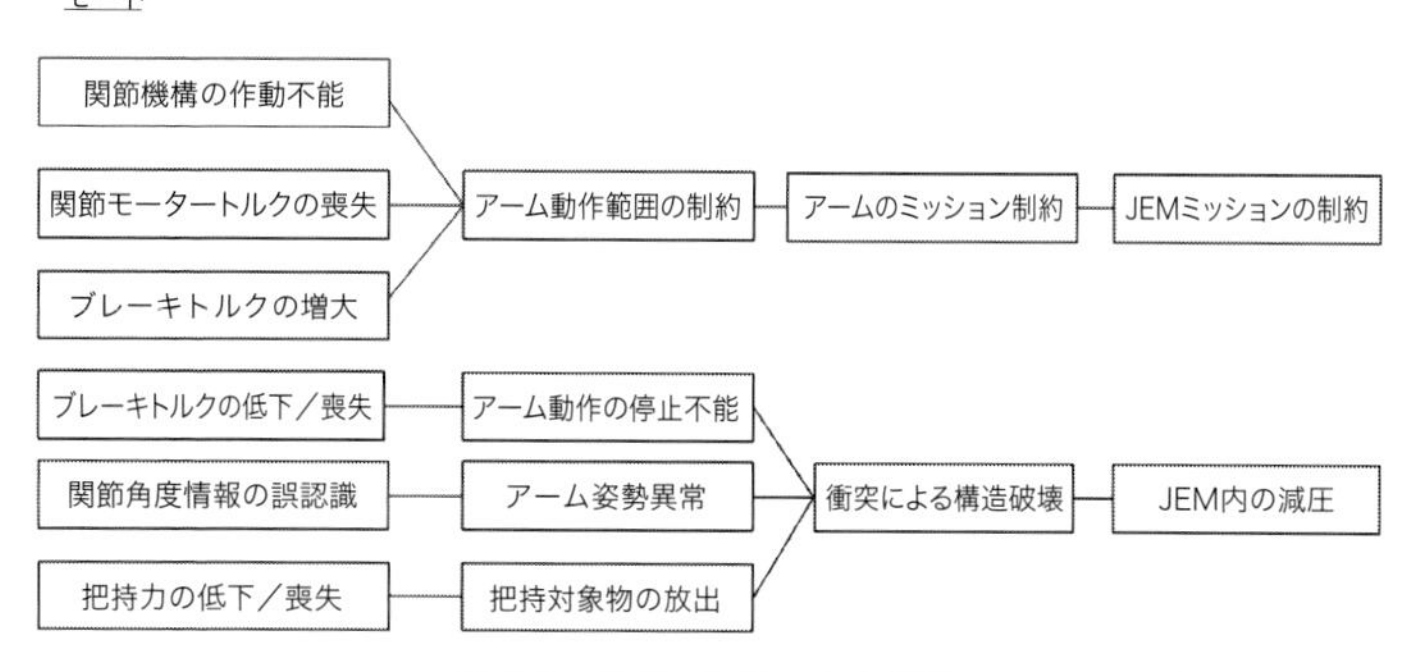

図6-1　ロボットアームの故障

Analysis）などを活用して網羅的に抽出する。次にハザードの原因究明を行う。ハードウェアについては潜在する根本原因が特定できる装置まで識別し、ソフトウェアについてはハザードを起こす可能性のある該当機能を識別する。

トラブルが発生すると、それを起点にして複数のトラブルが連鎖して次々に別のトラブルを生み出して広がっていく。安全解析では、そのトラブルの発生原因、経路を解析し、危険となる原因を解析する。これを「故障木（Fault Tree）」と呼んでいる。この「故障木」は、一九六一年に米国で開発されたミニットマンミサイルの信頼性評価・安全性解析を目的として、ベル研究所が考案したものである。

この木を考え出せる能力はどれだけ事故や故障に至る可能性を考えられるかという能力であり、すなわち安全管理能力ということになる。当然、より緻密で大きなツリーを考えてゆくことができる人ほどレベルが高い。これを基にトラブル対策のマニュアルができ、必要な機材が準備でき、安全対策を確実に行うことができる。

具体例を挙げよう。たとえば、ロボットアームが故障してハザードになる事象はどのようなものか、故障が起きた場合の影響の故障木の一部を図6－1に示す。うちの二例について、故障が起きた場合を想定した安全対策を挙げる。

もしロボットアームが暴走して実験棟へ衝突したら？

ロボットアームが掴んだ荷物を移動させる時に、モーターが暴走して搭乗員のいる実験棟に衝突、穴が開いて空気が漏れる事故につながる可能性がある。この場合は、「致命的ハザード」となるため、二つの故障が発生してもハザードにならない設計を行わなければならない。「非作動要求機能」の設計としてインヒビット（遮断機能）を直列に電源の間に挿入して、それぞれ独立させたコマンド径路で制御するようにする。さらに、ロボットアームの動作速度の上限を設定し、実験棟の近傍域をアームの侵入禁止領域にした仮想の壁をアームの制御ソフトウェアに入れ込み、アームが誤って動いても自動的にストップさせる機能を搭載する。なお、監視と緊急停止の機能は、別のコンピュータで行うことにより、誤動作発生と緊急停止機能の二つの故障が発生しても衝突には至らないようにする。

ロボットアームが重い荷物を持ったまま突然止まってしまったら？

今度はロボットアームが掴んだ荷物を移動させる時に、中途半端な宇宙空間で停止した場合を考える。アームに大きな力が加わらなければそのままでも問題はない。しかし、宇宙ステーションがジェットを噴射させる時、アームに大きな力がかかり実験棟に衝突する可能性がある。この故障に備えて、アーム操作の機能を二重化させたり、六つのアーム関節のうち、二つの関節が同時に故障（二故障）しても正常な関節を用いて安全な状態に移行できるようにする。

リスクの評価

対処すべきハザードが洗い出されたら、次に、その中から放置できないリスクを特定しなければならない。リスクの評価は、絶対的な尺度で表すのは難しく、人それぞれの判断が異なるので、その扱い方が違ってくる。リスクの評価を行うには、同じ土俵で、可視化して議論する必要がある。

そこで、リスクの大小は、「発生頻度と発生時の影響度合い」で評価する。これらを組み合わせて、発生頻度に対して、発生時の影響の大小を記入してマトリックスを作成する。

図6―2は、MIL―STD―882D "DOD Standard Practice For System Safety 2" をベースに、ISSのリスク対応の一例を示したものだが、これによって被害発生時の影響をある程度可視化できる。「発生頻度」が高いとはリスクが大きいこと、「発生時の影響度合い」が大きいとは、被害

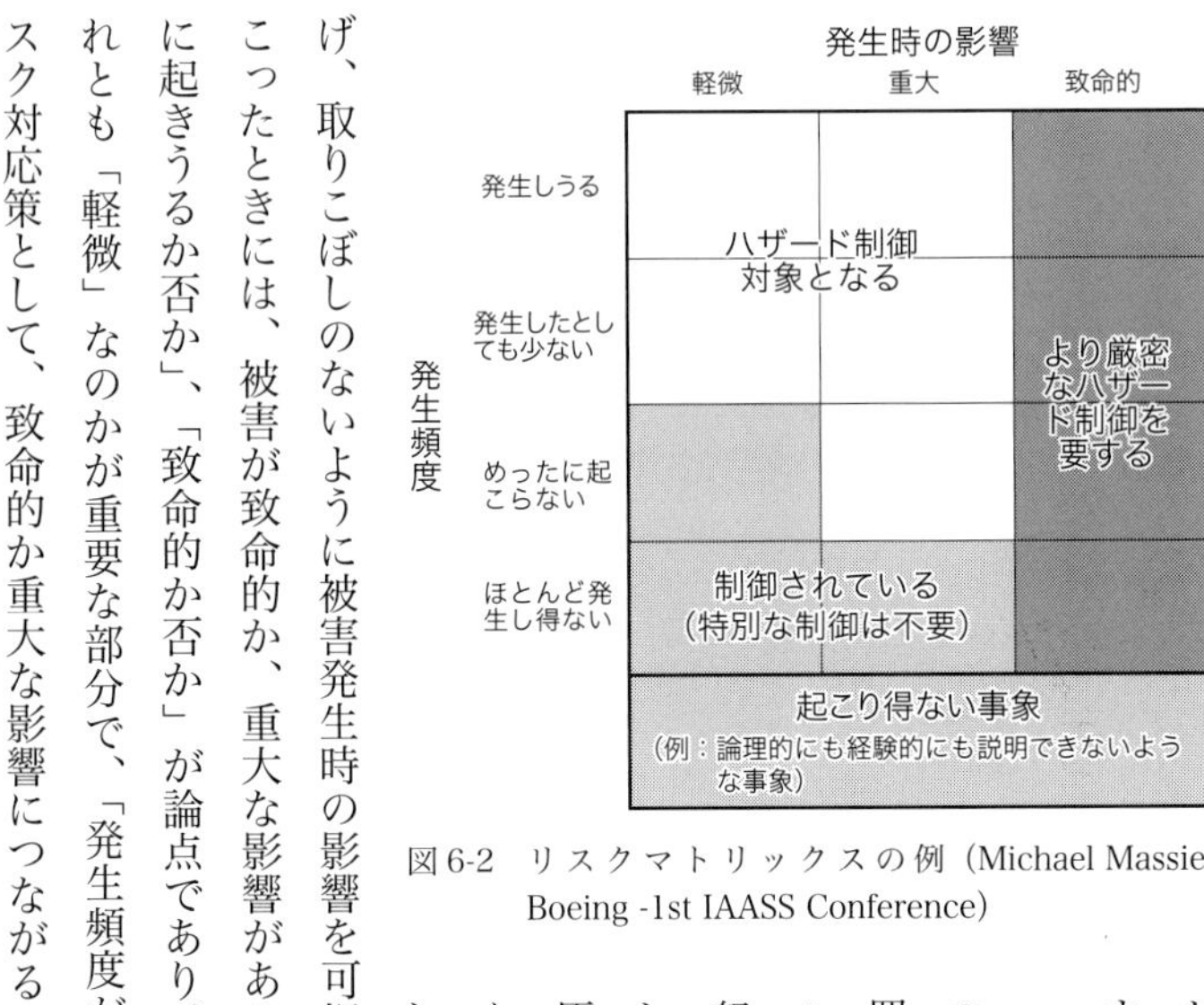

図6-2　リスクマトリックスの例（Michael Massie/ Boeing -1st IAASS Conference）

が大きいことを示す。発生頻度の大小判断は評価する人の経験と直感で判断することになる。

プロジェクトのリスクマネジメントは、リスクの事前評価による事故の未然防止に大きな力点が置かれているが、すべてのリスクの対策を講じるのは現実的ではない。またリスクに対して最大限努力して対策を行うが、その対策が一般の人に対しても受容可能な限界である必要がある。事故の原因を人間のミスのせいにする前に、ミスをしても安全が確保される設計がなされていたかが重要なポイントで、想定できるハザードをすべて挙げ、取りこぼしのないように被害発生時の影響を可視化する。検討する項目を絞り込むためには、起こったときには、被害が致命的か、重大な影響があるものを選択することになる。重要なのは「一般に起きうるか否か」、「致命的か否か」が論点であり、起きた場合に「致命的」か「重大」なのか、それとも「軽微」なのかが重要な部分で、「発生頻度が高いか、低いか」はあまり論点にならない。リスク対応策として、致命的か重大な影響につながるハザードに対しては、発生頻度が低くても厳しい管理を行うことになるからである。そして、このリスクへの対策としてハザード除去と制御により、予防措置をとることになる。

こうした安全の考え方は、「事故が起きる前に安全対策に取り組む」という欧米型の文化からきており、日本のように事故が起きた後で、安全の欠陥や責任を追及することにエネルギーを注ぐ「事後の安全対策」の文化とは異なるものである。

ハザードの除去と制御

対処すべきハザードを識別したら、そのハザードの可能性を最小となるように故障許容設計とリスク最小化設計を行う。故障許容設計は、ハザードの危険度を分類し、その危険度に応じて二箇所が故障しても機能喪失に至らない二故障許容か、一箇所の故障を許容する一故障許容かで設計を分ける。宇宙飛行士の死には至らないものの重度な傷害をもたらす「重大なハザード」には一故障許容設計を行う。また、飛行士の死につながるような「致命的ハザード」には、機器故障と宇宙飛行士の誤操作が重なってもハザードを引き起こさない二故障許容設計をする。このため、たとえば不意の電力投入を防止するために、独立制御の複数のスイッチがONにならないと電力が投入されないような仕組みや、制御器のソフトウェアが異常になったときその異常を検知できる別の制御器を設置する対策（制御器の多重化）等を入れた設計をする。つまり、念には念を入れての設計になる。基本的には故障許容設計がベースであるが、どうしても対応ができない時はリスク最小化設計をとることになる。リスク最小化設計では、宇宙船のような密閉空間では、火災そのものだけでなく、火災による有毒ガスの影響も大きいので火災防止設計に重点を置く。火災を防ぐためには、燃えにくい材料を使用したうえで、発火源ができないような部品の選定、バッテリや回転機器などの発火源の管理を行う。また、宇宙船の構造が厳しい打ち上げ振動や運用時に隕石衝突に耐えうる構造であることも重要である。さらに、酸素を保管するような圧力容器の場合には、破裂を起こさないような安全マージンのある圧力容器設計を行う。

設計での緊急対策

ＩＳＳにおいて「致命的ハザード」となりうる火災、減圧、有毒ガスの発生については、宇宙飛行士の安全上重大な影響がないように設計段階で様々な対策が講じられている。

ＩＳＳでは、緊急度に応じて警報・警告パネルによりEmergency（クラス一）、Warning（クラス二）、Caution（クラス三）の三段階の警報と点滅ランプで知らせる。クラス一である火災、減圧、汚染に対しては、センサ検知による自動起動、または地上の運用管制官か宇宙飛行士が起動し、各ハザードに固有の警報音と点滅ランプで異常を知らせるシステムになっている。

火災に対しては、火災検知区域（例：実験ラック、空調装置入り口、循環ファン出口）毎に煙センサが配置され、火災を検知すると宇宙ステーション警報・警告システム経由でＩＳＳ全体に警報・警告を発する。また、消火区画毎に可搬式消火器のノズルを突っ込むポートが用意されていて、区画毎に電源遮断や空気循環を停止できるようにしている。設計段階から難燃性材料を使用して燃焼防止、過熱を防ぐため余裕を持った電線の太さにする、電気的な発火を防ぐため気密シールを採用した電装品、適切な熱設計と故障検知分離システムを採用した過熱防止設計等火災発生のリスク最小化設計を行っている。

キャビン内の気圧低下は、ＩＳＳ本体で常時監視し、設定圧力以下・設定減圧速度以上になると、警報・警告を発する。また急速な減圧時には自動的に真空排気系の遮断弁が働く。

飛行士たちが呼吸する空気の汚染に対しては、実験棟キャビンの空気は、ガスサンプリングラインにより本体の環境制御装置に定期的に送られて分析・監視され、汚染物質、二酸化炭素、酸素分圧の異常が検知された場合には警報・警告が発せられるようになっている。

運用での緊急時対応

ハザードについては可能な限り除去することが原則であるが、除去できない場合には、安全装置の用意、警報・非常装置の用意、運用手順で対応、予防保全の順でハザードへの対応を行う。宇宙飛行に一〇〇％の安全はないのでベストを尽くした上で、残るリスクは、宇宙飛行士が引き受けなければならない。

まず、非常事態が発生した場合、緊急警報が作動して搭乗員に異常を知らせる。緊急事態に備えて二酸化炭素消火器、および酸素マスク等を用意する。ＩＳＳを構成するモジュールにはすべて入り口付近に消火器と酸素マスクが設置され、かつ、安全装置を具備している。煙検知器や温度センサのように発火に至る前の異常を検知する手段を準備し、異常を検知したら自動的にエアコンを停止させる。無重力では、エアコンを止めると空気の流れがなくなるので酸素濃度が低下して自己消火する。また、圧力容器は、破壊を防ぐために、破壊する前に容器内の物質をリークする設計にする。

ハザードの制御は設計で対処することを原則とし、宇宙飛行士や運用管制官に期待したハザード制御は行わないことを基本としている。しかし、設計だけでは安全を確保しきれない場合には、設計者は安全上重要な手順、ルール、訓練について、明文化した文書で運用者に要求を行う。

たとえば、先に述べたロボットアームの衝突制御の場合では、三つのスイッチが遮断されていることで二故障が発生しても電源が入らないようになっている。実際の運用時に、故障が一つでもあると有効でなくなるので、バックアップとして宇宙飛行士にスイッチ操作や船外活動を要求する。また、予め宇宙飛行士の安全確保や運用制約をルールとして制定しておく。

さらに、宇宙飛行士が行う操作については十分な訓練を実施する。たとえば、船外活動を行う宇宙飛行士が、移動支援器具や機器に触れる場合、太陽の当たり方によっては規定以上の高温になった箇所に触れる可能性があり、身体で日射をさえぎることにより温度を下げるといった細かな訓練が行われる。また、ＩＳＳで使用される機器は多岐におよぶため、それらの様々な機器のラベルに貼られた注意事項の読み方を訓練で身につけることも行っている。また、機械の火災が発生した場合には消火器の操作や退避手順が設定されており、こうした操作や手順を実際に制限時間内で実行する訓練を行う。煙が出たり、消火ができない場合には、ハッチを閉め実験室を隔離し短時間で本体への退避を行う。

こうした訓練の大部分は、トラブルを想定して何回も行う。特に、安全に対する訓練は身体に覚え込ませる必要があり繰り返し訓練を行う。

ハザードの制御の有効性検証

ハザードの制御方法の有効性を、試験、解析、検査により確認する。ＮＡＳＡは、宇宙飛行士と宇宙船の安全を守るために、設計部門だけでなく安全審査で有効性の評価を義務づけている。

打ち上げから地球帰還まで時系列の運用シーケンスを追ってゆき、イベント毎の想定ハザードをシステム全体で把握して、想像力を働かせてゆくことは、知識と経験と洞察力が必要である。

若田宇宙飛行士、人工衛星捕獲ミッション

一九九六年一一月に若田光一宇宙飛行士がスペースシャトルに初めて搭乗し、ロボットアームで日

本の人工衛星を回収したミッションの安全審査は大変だった。人工衛星とスペースシャトルがランデブーしながらシャトルのロボットアームで人工衛星をつかむ。そして、シャトルの荷物室に人工衛星を設置するという難易度の高いミッションである。

安全上の課題は、人工衛星に積んでいる化学燃料の取り扱いだった。

燃料の温度が下がると衛星の配管が破裂して有毒ガスがシャトルの荷物室に飛散したり、破裂した破片が荷物室に衝突したりするといった事態が想定された。衛星は、つかまれるときに太陽電池パネルを切り離し、すぐにシャトルの荷物室に設置することになっていたが、その間にも配管はどんどん温度が下がるため、荷物室に設置したらすぐにシャトルから電源のスイッチを入れ温めなければならない。

作業が長引けば危険な状態になる。アームの操作は時間との戦いだった。万が一、時間が長引いた場合には、安全確保をどうするかを試験か解析で明らかにしておかなくてはならない。例えば「ボルトの構造強度をデータで示すこと」とのＮＡＳＡ要求に対して、ＪＡＸＡから「すでに宇宙に打ち上がった種々の人工衛星で数多くの実績があり十分な強度がある」と書面に定性的な状況データをたくさん添付して提出したことがあった。「ＮＡＳＡが要求しているのは、定量的な試験データで、技術的に構造安全余裕が計算できるものでなければだめだ。ＪＡＸＡは、安全要求が何のためにどう評価しているのか意味が分かっていない。ＮＡＳＡの類似例をＮＡＳＡの安全担当によく聞いて理解するように！」と、ＮＡＳＡ安全審査委員長から冷たい表情で言われたが、返す言葉がなかった。

その後、有人宇宙船の安全支援で実績のある米国の会社と契約を結び、具体例を提示してもらいながらＮＡＳＡの安全文化や安全思想など、有人安全技術を学んだ。日本の技術者が、ＮＡＳＡの安全要求の考え方を理解するのにはずいぶん時間を要した。安全審査は、第三者が見ても明確に分かる技術データや試験データを証拠として提出し、第三者が安全を確認する米国流儀の実践主義（プラグマティズム）に基づいて行われていた。そのため、試験したデータは信用され、実際に宇宙で運用している事実があると、さらに信用が増すことになった。

実際に「きぼう」が打ち上がり順調に運用されている状況での「こうのとり」の安全審査で、「きぼう」の技術を使用しているものは、ＮＡＳＡからは何の指摘もなく通過した。もちろん「きぼう」の経験をもとに、「こうのとり」の安全設計の効率化をかなり工夫した上のことだったが、「こうのとり」の安全審査対応のメンバーは、「いままでは、ああでもない、こうでもないと、厳しく詰められて苦労してきたのに、全然違った対応をうけることになった」とびっくりしていた。米国流のやってみせるのと、書面で説明するのとでは対応が全然違うことを実感した出来事だった。

この若田ミッションの安全審査は、事前審査の段階で何回も差し戻され、やり直しをさせられた。詳細設計段階でのＮＡＳＡの安全審査は通常一回だが、結局四回受審することになり、スケジュール的にはぎりぎり打ち上げに間に合わせる状態だった。この四回の安全審査に先立って行われた安全調整会と事前審査は数えきれない回数になり、与えられた課題解決のため沢山の人材を集めなければならなかった。課題によっては解析や試験を何回も行った。

若田宇宙飛行士のミッションの安全審査は打ち上げ直前にようやくクリアしたが、その後も「きぼう」の詳細設計が終るころまでには、担当者たちは安全審査でぼろぼろになりながらも具体的な対処方法を含めてＮＡＳＡのノウハウを修得していった。いってみればこれは、義務教育段階の苦労だった。「きぼう」がＮＡＳＡケネディ宇宙センターに送られて、打ち上げ前の射場作業が始まった頃には、比較的短時間で安全審査を終了することができるまでになった。現在では、「きぼう」や「こうのとり」の実験に関する安全審査は、ＮＡＳＡから権限を委譲されＪＡＸＡが独自に行っている。

実運用を模擬した訓練でミスを洗い出す

実運用を模擬した訓練の中でマニュアルを使用すると、その不備が浮かび上がる。チームで仕事を進めるときに障害となるようなものがないか、作業計画や必要な道具等が不足していないかなどはこうした訓練で洗い出す。システムを熟知しているエンジニアが作成したマニュアルであっても想定する状況が違っていたり、思い込みが入ったりする場合があるため、こうした訓練は欠かせない。

宇宙飛行士は、地上の運用管制官と密接に連携してミッションを遂行することになる。そのため、運用管制官や技術者を始め宇宙システムを支える様々な関係者全員がシミュレーション訓練に参加することで、チーム全体のパフォーマンスを上げていく。たとえば、ＩＳＳでの組立て作業のため、二四時間以上連続の実運用を模擬した各国宇宙機関が参加する合同訓練が行われている。これは、世界の地上管制局も含めたシミュレーションだが、さまざまなトラブルを想定し、それにどう対応してゆくか、どう安全にミッションを遂行するかというような訓練を行う。この統合訓練を通じて、運用管制官は、「宇宙飛行士はここまでやれるのか、予想以上にパフォーマンスがいいな」といった実感が得られ、宇宙飛行士からは「運用管制官は飛行士のために、万が一の場合にも、支えてくれるんだ」という信頼感を得ることができる。

航法・誘導系、電気系、環境制御系や、コマンド・データ系のような宇宙船の根幹にかかわるシステムの状態は、リアルタイムでデータが地上に伝送されていて、スイッチ状態や設定値も含めてほとんどが管制室で把握できるようになっている。ミッション遂行は運用管制官の指揮のもとに、宇宙飛行士が宇宙でその作業を支援するという役割分担なので、シミュレーションを通じて、運用管制官の指示の誤りや、マニュアル、手順やルールの誤りも見つかる。

どれだけ手順やルールが整備されてもこれで万全ということはなく、ミッションが確実に達成できるまで繰り返し訓練を行う。「きぼう」実験棟でも、打ち上げまで日米合同訓練（ジョイント・シミュレーションという）を何回も実施した。その大部分はトラブル対応の訓練である。訓練ではトラブルがどんどん起きる。メインコンピュータがダウンする、主電源が落ちる、その直後に火災が発生する。さらに有毒ガスが隣の接続モジュールで発生……。運用管制官は発生した事態を受信データから冷静に判断し、トラブルの処置としてどの手順を採用し、チーム内でどこまで対処してゆくのかを判断する。トラブルの仕掛けは日米のシミュレーションチームが担当し、安全審査や技術調整で課題となった不具合から起きるかもしれないものを選び、訓練データを作成する。そのデータを米国ヒューストンにあるＩＳＳシミュレータと「きぼう」のシミュレータに仕込む。それ故、シミュレーションチームには、ＩＳＳシステムのメカニズムやトラブル時の動作について深い知識が必要となる。

宇宙船訓練の大部分は、万が一のトラブルのため

世界の宇宙開発機関では、トラブルが起きた場合、如何に迅速で的確な対応をするか、検討と訓練を繰り返し行っている。半年近くＩＳＳに滞在した若田光一宇宙飛行士も古川聡宇宙飛行士も、訓練も大部分は万が一のトラブルのための訓練だったと言っていた。ＩＳＳに長期滞在する場合には、万が一、宇宙船が火災を起こしたらどうするか、デブリが宇宙ステーションを貫通して急減圧が起きたらどうするか、というような訓練もある。緊急時の訓練は熟達するまで何度も行う。訓練が長期間に及び、トラブルばかりの訓練が多いため、嫌になる宇宙飛行士もいる。しかし、あらゆるトラブルを忍耐強く体に覚え込ませることが宇宙飛行士に必要な要件である。

宇宙飛行はかなり頻繁に行われるようになったが、まだ危険も多い。一般の飛行機の事故率は

一〇〇万回に一回だが、スペースシャトルは七〇回に一回事故が起きている非常に危険な乗り物だった。たとえば、デブリがＩＳＳの近くを通過するが、ぶつかる危険のあるものは、一年に数回くらいである。その場合には、エンジンを噴射してＩＳＳの高度を変えてぶつからないようにしている。常に危険と隣り合わせの宇宙船では、何か起きたら、運用管制官に状況を的確に説明しなければならない。訓練では考えていなかった想定外のこともまれに起きる。最悪、救命ボートの役目を果たすロシアのソユーズ宇宙船で地球に緊急帰還をしなければならない場合もありうる。

これらの訓練は、考えられるあらゆる事態を想定して、常に抜けがないか訓練を通じてチェックが続けられている。

第七章　巨大プロジェクトを支える組織

宇宙先進国として

人類初の月面着陸から四〇年後の二〇〇九年七月、国際宇宙ステーションの日本実験棟「きぼう」が完成した。日本の宇宙開発にとっては新たな一歩となった。一九八九年、筆者がＩＳＳの仕事に入ったとき、この世界はＮＡＳＡを中心に回っていることが分かったが、誰もアメリカとの付き合い方を教えてはくれなかった。当時、日本では対等の関係で宇宙開発プロジェクトを経験した者はなく、前例のないことが多く手探りの状態だった。筆者は一九九〇年代にＮＡＳＡジョンソン宇宙センターでの技術調整に何度も出席したが、彼らは会議では紳士的な対応だったものの、休憩時間によく次のようなことを口にした。「日本には有人宇宙ミッションの経験はないのだから、ＮＡＳＡが言うようにやっていればよいのだ」

当時、日本の有人宇宙開発は、黎明期から抜け出してこの巨大な計画を本格的に進めるため、素晴らしい人材を集め始めていた。英語ができる駐在員や海外留学から帰国した者、何があってもへこたれないエネルギーに溢れた若い技術者、衛星やロケットの新しい道を開いてきた事務系の強者たちであった。しかし、ISSプログラムを構成する多数のプロジェクトに共通した課題であるアメリカと対等に、どう国益を確保してゆくのかという大きな課題があった。我々は、「きぼう」や「こうのとり」の開発を通してアメリカという国とその国民の考え方を学ぶことになった。アメリカという国は自分たちが世界で一番であると信じ、そうあるために同盟国とうまく付き合う努力をしていた。現場の技術者は最初のうち戸惑っていたが、共通の課題を一緒にクリアしていくうちに打ち解けるようになってきた。日本も、「きぼう」と「こうのとり」の開発・運用をNASAと一緒に積み重ねたことで、NASAの信頼を獲得していった。JAXAの有人宇宙部門は世界でもトップレベルの技術者の組織となり、宇宙先進国の仲間入りをし、国際的な存在感を示している。

日本の有人宇宙開発の技術力と国際的発言力を確保できるまでには苦労が沢山あったが、本章では、巨大プロジェクトを成功に導く組織をどう作っていったのか、黎明期からの歩みを振り返ってみる。

「きぼう」「こうのとり」を支える組織

まず、筆者が働いていた頃の組織の状況を概説しよう。「きぼう」日本実験棟や「こうのとり」宇宙ステーション補給船など国際宇宙ステーション計画を支える組織は大きく分けると運用チーム、実験チーム、日本人宇宙飛行士活動支援チーム、「こうのとり」開発・運用チーム、有人宇宙技術開発チーム、安全・開発保証チーム、プログラムマネジメントチームの七つのチームに分かれている。ニュースなどで見聞きする日本人宇宙飛行士や「こうのとり」の活躍、「きぼう」の研究成果も、これら七つのチームがうまく機能していればこそである。しかし、宇宙飛行士だけでも、「きぼう」や「こうのとり」開発技術者だけでも巨大なプロジェクトを成功させることはできない。ISSのような国際的で大規模なプロジェクトを進めていくには組織、人、マネジメントなどのソフトの部分が重要で、第五章で述べたプロジェクトマネジメントとシステムエンジニアリングを組み合わせて仕切っていく手法が必要である。

「きぼう」の運用チーム

「きぼう」の運用は、筑波宇宙センターの運用管制室から行っている。厳しい訓練を経て認定されたフライトディレクター（運用管制指揮官）とフライトコントローラ（運用管制官）が、米国はじめ各国と連携して休みなく「きぼう」を支えている。これは、ISSは完成時にアメリカ、ロシア、欧州、日本が宇宙実験室を持ち、それぞれの「オーナー」が自分の実験室の運用を行うのが国際協定での大原則となっているからである。別の言い方をすると、「きぼう」に足を踏み入れたら、宇宙飛行士の安全はもとより、「きぼう」で行われる実験も保守もすべての作業は筑波の責任となる。どこの国の宇宙飛行士であれ、困ったら「筑波」を呼ぶことになる。

運用チームの体制は、筑波宇宙センターの運用管制室で役割ごとに三交代で二四時間体制の任務に就く。

「きぼう」運用管制官は、フライトディレクター、管制・通信・電力担当、環境・熱制御担当、ロボットアーム・機構系担当、リアルタイム運用計画担当、システム担当、地上設備担当、宇宙飛行士との交信担当、船内活動担当、宇宙実験管制担当から構成されている。彼らは、厳しい訓練を経て認定された日本自前の管制官たちである。

彼らは、宇宙から送られてくるデータを基に「きぼう」の健康状態をリアルタイムにチェックしている。それに基づいて「火災、空気漏れ、有毒ガスによる汚染」の三大緊急時には宇宙飛行士の安全を最優先しながら対処する。平常時にも空気、通信、電力などの機器状態をモニタし、実験機器が熱くなり過ぎたら冷却水の流速を上げて冷やすなど「きぼう」の細部まで目配りしている。さらに、宇宙飛行士の作業を指示し、トラブルがあれば即座に対応する。

宇宙での活動は本番に注目が集まるが、実は運用の仕事のほとんどが事前準備である。宇宙飛行士は忙しく、時間は有限なので、ＩＳＳでしかできないことをやり、その他は地上から行う。こうした宇宙飛行士と地上側の作業分担を決めるのも、その役割に沿った手順書を作るのも運用チームの仕事。「宇宙用」と「地上で指示する運用管制官用」、さらに「不具合用」の三つの手順書が必要で、手順書は一〇〇〇ページを超える。手順書作りが終わると異常時を想定したＮＡＳＡとの合同シミュレーション訓練があり、本番と同じ宇宙飛行士と日米の地上管制官が参加する。手順書に従い、ある運用シフト約八時間を模擬したシミュレーションを行い指揮命令系統の確認を行う。

運用のプロであるNASAとの連携の難しさは、英語のコミュニケーションである。緊急事態になるほど早口になり、テキサス訛りが加わることもあるし、運用独特の言い回しも入る。本番ギリギリまで訓練が続く。フライトディレクターたちはミッションの運用準備に関わる様々な会議から、本番の模擬訓練であるシミュレーション訓練、さらに緊急事態を含む実運用まで、運用管制チームを統率し、それを実行している。若田宇宙飛行士は色々な取材や講演で彼らの活躍をこう語っている。「最も優れたリーダーと位置付けられる集団は、フライトディレクターのチームである」

「きぼう」での実験チーム

「きぼう」は、船内・船外両方の実験環境を備えるISSの中で最大の実験室で、エアロックやロボットアームなどのユニークな機能も具備している。この宇宙ならではの特殊な環境を利用して、生命科学、宇宙医学、物質・物理化学、地球惑星科学、技術実証などさまざまな専門分野の実験を行い、国の科学技術戦略や民間企業の技術開発に貢献できうる成果の創出に取り組んでいるのが宇宙実験チームである。

宇宙実験を行うには、「きぼう」での実験テーマ選定から、実際の軌道上での実験運用、さらにできた試料を地上に持ち帰って評価・分析まで、研究者とそれを支える技術者が連携して作業を行わなければならない。ＮＡＳＡによる全体管理の下、日本は「きぼう」の運用準備・運用に関するすべての利用に関わる管理の責任を有しており、「きぼう」の実験に関わる業務は「筑波宇宙センター」にて実施する。毛利宇宙飛行士が搭乗した日本初のシャトル宇宙実験の訓練計画を担当していた上垣内茂樹氏は、宇宙実験の黎明期を次のように語っている。

そもそも宇宙飛行士が、宇宙でどのような手順で、どのように作業をするのか分かっていなかったので、宇宙飛行士訓練をどうやるのか全く白紙であった。暗中模索の中で、日本で初めてのシャトル実験は三五テーマ。テーマ提案者を訪問して訓練の内容と訓練に要する時間を聞き、実験装置開発企業から操作訓練の要求を聞き、まとめた。その結果、訓練に二年近くかかることになった。米国の宇宙飛行士も担当するので、日本に滞在する期間を短縮して六か月にした訓練計画をＮＡＳＡに持っていった。すると、「そんな長い期間、宇宙飛行士を日本に派遣できない」と言われた。そこで「日本は先端実験を三五テーマも行うので、実験と装置の内容を理解してもらう必要がある」と主張。訓練文書を段ボール四箱から五箱送り付けた。その結果、約四か月日本で訓練することになった。訓練計画ができた後でも、訓練計画担当は、訓練シミュレータを使って訓練内容の精度を上げた。このシャトル実験を経験したことにより実験の基礎から実験操作までの訓練要求のフォーマットが、その後の宇宙飛行士実験訓練のひな形になった。

日本人宇宙飛行士の活動支援チーム

宇宙飛行士の募集、選抜、養成・訓練を行って宇宙で活躍する人材を育成しているのが、この活動支援チームである。JAXAでは、これまでに一一人の宇宙飛行士を選抜・養成し、計一九回の宇宙飛行を行っている（二〇一八年三月現在）。そして、第三九次長期滞在では若田宇宙飛行士がアジア初のISS船長を務めた。日本人宇宙飛行士の宇宙滞在累計日数は一二〇〇日を超え、米国、ロシアに続き世界三位となった。

このチームには、専門医（フライトサージェント）が在籍し、宇宙飛行士の日常的な肉体的、精神的健康管理を実施している。また、専門医は医学基準や医学課題を国際調整するため、NASAと連携を密にして情報交換をしている。最初は航空医学に通じた医師が担当していたが、今は普通の医者が宇宙医学の専門医として活躍する段階になった。

また、宇宙医学の蓄積してきたデータを基にした宇宙医学生物学研究を、NASAとロシアなど連携して進めている。さらに、宇宙飛行で得た医学生物学の貴重なデータを次の宇宙飛行に活用したり、長寿高齢化社会への貢献を目指して活動する研究も行われている。

「こうのとり」開発・運用チーム

「こうのとり」の開発を行い、打ち上げから飛行運用、ＩＳＳとのランデブー・ドッキング、係留、離脱して大気圏突入までの運用を行うのが、開発・運用チームの役割である。運用は、筑波宇宙センターの「こうのとり」管制室から行っている。厳しい訓練を経て認定されたフライトディレクター（運用管制指揮官）とフライトコントローラ（運用管制員）が、ＮＡＳＡと連携して「こうのとり」を支える。三交代で二四時間体制で運用を行う。「こうのとり」を通じてＩＳＳの継続的な運用に貢献し、次世代の宇宙輸送に必要な技術開発を担うチームである。

このチームは、フライトディレクター（責任者）、コマンド担当、通信データ処理担当、軌道制御担当、航法誘導制御担当、管制、推進系担当、電力担当、システム担当、暴露パレット担当、ランデブー担当、飛行運用計画担当などから構成されている。

一九九四年第一回目の「こうのとり」の技術調整では、ＮＡＳＡと日本とは大人と子供の差があったが、今では米国の民間宇宙船会社の運用支援を受託するまでになった。

「こうのとり」運用で難しいのは、「こうのとり」をＩＳＳロボットアームが掴み損ねたらどうするのか？」「姿勢異常が発生したらどうするか？」などの想定外の事態にどう備えるかである。「こうのとり」は宇宙飛行士が活動しているＩＳＳに近づくため、衝突は許されない。ＩＳＳからもコントロールできるが、安全への配慮は通常の衛星とは格段の差がある。「こうのとり」の手順書は一八〇〇ページ以上あり、地道に訓練を積み重ね、もしもの時に備えておく必要がある。

このチームは、ＮＡＳＡヒューストンと、軌道上にいる宇宙飛行士と連携して運用・訓練を行わなければならないため、ＮＡＳＡのＩＳＳのシミュレータと、筑波の「こうのとり」シミュレータとをつないでいつでも訓練ができるようにしている。日米の時間差もあり、コンピュータプログラムは別のものだが、「こうのとり」一号の前に一〇〇回近い日米合同訓練をしてプロセスを確立してきた。このシステムは、実際の宇宙での飛行運用とシミュレーションとは区別がつかないくらいの高い精度を持っている。

ＩＳＳに物資を輸送する能力を持つのは日本、米国、ロシアの三か国のみ、荷物の重量とサイズとも「こうのとり」は世界最大で、二〇一六年からはＩＳＳの維持に不可欠な大型バッテリーの輸送も担っている。

有人宇宙技術開発チーム

有人宇宙技術開発チームは、「きぼう」の開発と軌道上組み立て・初期運用の修羅場を経験した技術者と、搭載されている実験装置開発・運用を経験した技術者が中心になって構成されている技術集団である。このチームは、「きぼう」運用での様々な生命維持や環境制御技術、センサー技術、宇宙医学などの研究と開発を進め、将来の国際的な有人宇宙探査プロジェクトや宇宙ビジネスにおいて日本の「強味」となる技術に挑戦している。ロボットアーム、エアロック、船内実験室の特徴を生かした超小型衛星の放出サービスや高品質画像伝送でも高い技術とノウハウを持つ。また、月、火星、その先へと、地球近傍を離れて有人探査活動を拡げていくためには、長期間の宇宙飛行が必要となるが、これを支える新たな技術として、空調の排水や尿から飲み水を再生させる技術、宇宙放射線の高精度予測と防護技術、ライフサイエンス研究に欠かせない研究用マウスを生きたまま「きぼう」で飼育し地球に帰還させる技術などが、実用化に向け進行中である。

安全・開発保証チーム

ＩＳＳの開発、運用、利用において、その目的を安全に達成させる活動を「安全・開発保証」といい、そのチームをＳ＆ＭＡチームと呼ぶ。

ＩＳＳの安全・開発保証に対する要求は、プログラムの開始から完了までのフライトハードウェアとソフトウェアの設計、製造、試験、および運用・利用のすべてにわたって適用される。このチームはこの安全・開発要求を設定するとともに、安全、信頼性、保全性などの開発チームが実施した活動を統合的に管理する。ＪＡＸＡにはもともと、ロケットや人工衛星などの安全・開発保証の体制はあったが、宇宙飛行士が搭乗するＩＳＳプログラムへの参画により、人間に対する厳しい安全要求が加わり、新たにチームを設置することになった。

ＩＳＳでの国際合意は、安全については宇宙施設提供国が責任を持ち、ＮＡＳＡはＩＳＳ全体の責任を持つこととなっている。このため、参加国は、独自の有人安全・信頼性・品質保証要求を作成し活動する権利を持つが、これはＩＳＳ関係機関間で合意したプログラム要求に合致またはそれを凌駕していなければならない、と取り決められた。しかし、経験のない日本にとって自前の有人安全・信頼性・品質保証要求を作る作業は極めて困難だった。

まず、Ｓ＆ＭＡチームは、国内の安全審査体制の整備を行っていった。きぼうの詳細設計審査が行われた一九九八年当時にＪＡＸＡのＳ＆ＭＡ室で中心人物であった深津敦氏が、当時を振り返って次のように語っている。

安全審査のインプットパッケージは、ハザードレポートを主な審査資料とする安全評価報告書であるが、まとめて承認か非承認かを判断していたのを、ハザードレポート一件ずつ安全かどうかを確認する方式に変更した。その趣旨は、何が危険かを識別して、その危険要因をどう制御して安全が確保されたかをハザードレポートで確認してゆくことであった。そのため、設計審査で一般的に行われている指摘票を起草して調整し重要と思われる事項を識別する方式から、安全審査でハザード審査を一件ずつ審議を行う方式に変更した。当時は、ＪＡＸＡに設計結果を評価する技術者が圧倒的に不足、ＮＡＳＡのように材料や毒性などの専門的な評価者がいたり、各部門ごとに安全評価者（運用部門、クルーオフィスなどは安全審査専門者がいる）を抱えることはＪＡＸＡのリソースでは困難だった。この状況に対処するため事前評価制度を導入した。Ｓ＆ＭＡがハザードレポートについて設計側と評価を行い、その概要報告を審査パネルに報告し、審査員の判断の補助とするものであった。事前評価者は設計側と調整し、ＮＡＳＡとの事前調整も行うので、一定の技術レベルが必要である。評価内容は、安全要求への適合性、フェーズに応じたハザード解析の進捗状況が承認可能なレベルに達しているのか否かであった。このやり方は、ＪＡＸＡの若手の育成や支援する企業のエンジニアの技術力向上に寄与し、安全審査コミュニティーの技術力も向上してきた。

現在では、ＮＡＳＡからＩＳＳの安全審査のかなりの部分の権限が日本と欧州に移譲され、またＮＡＳＡ、欧州、日本のＳ＆ＭＡチームの三機関会合が毎年行われて、Ｓ＆ＭＡ活動の具体的なやり方や知識の交換を行っている。

プログラムマネジメントチーム

プログラムマネジメントチームは、「きぼう」「こうのとり」に関わる多数のプロジェクトを束ねるＩＳＳプログラムマネジメントを推進しているチームである。ＮＡＳＡ、ロシア、欧州とのプログラム交渉、政策レベルから上記の個別プロジェクトの国際調整に関するもの、各種協定の調整と締結、政府との予算折衝、スケジュール管理、人的資源の統括、政府の政策会議への対応、セキュリティ、施設設備管理から戦略広報に至るまでのプログラムマネジメントを担当している。いわば、プログラムオフィスであり、有人宇宙事業の部門長、参謀チーム、プログラムマネジャー、予算、法務、国際、広報、管財などの実務専門家チームから構成されている。

ＩＳＳの運用は、アメリカが異なる文化の参加国との意思疎通を行い、一つのものを作り上げてゆく役割を持っている。ＩＳＳ計画の国際調整をする場所は、たいていＮＡＳＡのプログラムオフィスがあるテキサス州ヒューストンであり、参加各国が自分の代表を駐在員として送り込んでいる。ＩＳＳの開発フェーズにおいては、参加各機関がそれぞれ開発する要素が、軌道上で実物同士を組み合わせたときにきちんと動くように、インターフェイス条件を文書に定め、合意する。このインターフェイス条件を決めるに当たって、各国それぞれの事情を抱えるものがそれぞれの国益をかけて闘った。その方法は、我が方の主張を明らかにし、それがどういう根拠に基づくものであるかということについて、アメリカに負けないくらいの普遍的で合理的な理由を並べて我が方に理があることを納得させることだった。また、ＮＡＳＡとの交渉が本格化してくると、必ずと言っていいほど、ＮＡＳＡの技術者のそばに輸出管理の担当者が同席していた。今まで技術屋だけで議論してきたのに、不思議な感じがしたが、彼らは、議論が輸出許可に関するときに発言をする法務の役割を担う人材だった。こうした人材をＮＡＳＡが育成していることが分かってからは、ＪＡＸＡも法務ができる人材を配置している。

ＩＳＳ運営が定常状態になると、アメリカだけではなく、ロシアとも直接付き合うようになった。ロシアの付き合い方は異質で、アメリカと比べると文書主義、そして上からのトップダウンの傾向が見られる。当初は、打合せの段取りであれば担当者レベルで電話すれば済むと思っていたが、ロシアでは先方の幹部にレターを送付するよう求められることが普通である。そのレターに幹部が目を通してＯＫが出ないと打合せがセットされないので、返事を貰うまでに時間がかかり、もどかしさを感じた。また、担当者レベルだけでの打ち合わせはほとんどなく、たいていは部長以上の責任ある立場の人が出席する。さらに会議での発言は代表する責任者のみの場合がほとんどで、欧米のように同席する部下が自由に発言することは極めて稀である。ロシアとは、「きぼう」で実績のできた宇宙医学や宇宙実験の分野から協力を開始している。この日露の政策レベルの窓口と推進もこのプロジェクトマネジメントチームが担っている。

黎明期からの組織づくりの歩み

一九八四年四月、宇宙基地推進室四人のチームが組織された。その年度の後半には支援会社八社から一人ずつの参加があり、間借りしたビルの一室でチームが発足した。翌一九八五年には、予備設計段階での予算がつき別のビルで約一〇〇人の予備設計チームが活動を開始した。当時は国産大型ロケットH－IIの開発を始め、アメリカから自立したロケットシステムを保有しようとしていた時代であった。日本はスペースシャトル実験で米国にお金を払ってシャトルを使い、日本の宇宙飛行士を乗せてもらう計画を進めていたが、有人技術はほとんどなかった。志は日本も欧米並みの先進国になるんだ、国際パートナーとして一人前の地位を得るんだとの思いであったが、欧米に対する劣等感は否めず、また有人宇宙技術に対する知見の差は明らかであった。

この時期NASAとの調整は本格的な局面に入り、渡米して現地で技術調整することが日常的になっていき、すでにあった海外駐在員事務所では対応ができない状態だった。

一九九〇年一月、基本設計着手前に、宇宙ステーション開発本部として、宇宙環境利用推進部、宇宙実験グループ、および宇宙ステーショングループの三部に編成し、開発段階への移行に備えた。

国際宇宙ステーションの日本の拠点となる場所は、まとまった広さの土地が必要なことから筑波宇宙センター奥の湿地気味の林地に建設されることになった。建物は五棟。施設機能を考慮した配置として、凹型の配置。中央に実験研究者が入る「宇宙実験棟」、左に「宇宙ステーション試験棟」、右に「宇宙ステーション運用棟」、少し離れた場所に「宇宙飛行士養成棟」と、「無重量環境試験棟」が配置された。一九九一年から一九九六年にかけて順次建設され、一九九三年、宇宙実験棟が完成したのを契機に東京から筑波に活動拠点を移した。

電気島とシステムインテ島

筆者は「きぼう」開発プロジェクトを担当する前は、運用管制システム、日本人宇宙飛行士の養成訓練、技術解析システムなどを扱う「きぼう」運用プロジェクトの立ち上げに奔走していた。一九九五年八月にきぼう開発プロジェクトに移ってからの最初の仕事は、「きぼう」の電力・通信・ソフトウェアなど搭載機器の開発を行う通称「電気島」のマネジャーだった。

電気島に配属された当時の「きぼう」開発プロジェクトチームは、実際に宇宙に上がる宇宙実験室の開発で六グループあり、船内実験室（与圧部）・船内保管室（与圧区）開発、船外プラットフォーム（曝露部）・船外パレット（曝露区）開発、大型・小型ロボットアーム（RMS: Remote Manipulator System）開発担当、システムインテグレーション担当、プロジェクト管理担当、それに筆者の在籍する電気・通信・ソフト開発担当となっていた。それぞれの開発担当マネジャーが窓際にいてそこから机が島のように配置されていたことから、プロジェクト内では、与圧島、曝露島、RMS島、システム島、プロ管島、電気島と、親しみを込めて呼ばれていた。総勢七〇人ほどのプロジェクトチームの三割がNASDA職員（航空宇宙関連三機関が統合されJAXAとなるのは二〇〇三年）であり、その他は企業から期限付きで派遣されたベテラン設計技術者からなる、小さくても強力なチームだった。

電気島の職員は一〇人、NASDA職員は四人だけであった。まず、島のメンバーや他の開発担当技術者から個別にヒアリングし、どんな業務状況にいるのか、問題はなにか、どういう改善を図ったらいいかなどの「きぼう」開発の状況認識を始めた。

仕事を始めてみて「きぼう」開発の大変さが身に沁み始めた。それまで日本は、人工衛星の開発を困難を乗り越えながら欧米に追いつけ追い越せでやってきた。これらは主に技術開発が主体であったが、ロケットの技術導入や人工衛星の購入では、契約により費用を払って教えてもらう、という「買う」立場で、相手は「教えてあげる、打ち上げてあげる」という立場であり、対等とは言えなかった。また、我々が外国企業と接する場合、大部分は契約を直接しているのは日本の企業であり、さらにそれを支援する商社が介在していた。しかし、「きぼう」の場合は、今までと全く違い、自分達で資料づくりから、打ち合わせ、技術調整もすべてやる必要があった。自分たちの経験とは全く異なる外国人と自己主張をしながら進めなければならず、時間帯は不規則、英語がベース、略語が非常に多いなど、慣れないことが多かった。

電気島の最初の仕事は、「きぼう」の実験室のモニタとコントロールを司る統合制御コンピュータにおけるソフトの開発とハードの開発に関するものであった。この制御装置は、データ交換機用に開発された高速演算素子三二ビットのV70搭載、Ａｄａという先端ソフトウェアを搭載する当時としては最新鋭コンピュータであったが、今となっては、デスクトップパソコン以下の性能であろう。

このコンピュータのハードウェアの開発は、衛星やロケットの通信系で実績のあるA社が担当。さらにそこに搭載するソフトウェアは二社と契約していた。A社は、基本ソフトウェア（OS）と、アプリケーションソフトウェアの共通部分を、B社は、船内実験室の開発を担当していることから「きぼう」全体の状態のモニタとコントロールをするアプリケーションを担当していた。しかし、問題は、この二社のインターフェイス仕様がなかなか決まらないので、開発に着手できないことだった。背景には、ホストコンピュータがあるNASA側のインタフェースに合わせざるを得ないこと、およびソフトウェアの入れ替えではなくデータの入れ替えで「きぼう」システム構成と運用の変更に柔軟に対応する必要があったためで、このことが「きぼう」の統合ソフトウェアのアーキテクチャーを複雑にしていた。さらに、「きぼう」を構成する機器の開発企業（A社とB社以外の企業）がそれぞれ独自のコンピュータとソフトウェアを開発していたため、そのインタフェースを決めるのに時間がかかっていた。つまり、それまでの例にない大規模な監視・制御システムの複雑なインタフェースの課題を解決するのに試行錯誤していたのである。

筆者の最初の仕事は、この開発担当と相談して、一週間に一度A社とB社に出向き、まず現状を説明してもらい、解決策を話し合う場を持つという提案をすることだった。二社は、救いの神が来たかのように喜んで受け入れてくれたが、少し違和感を感じた。毎週、新幹線に乗りB社に、そして別の日に首都圏郊外のA社に一日ずつ行き、後の三日を別の企業の課題調整に当てることにした。朝から始まった打ち合わせは、暗くなっても終わらなかった。一つ一つ課題の説明をしてもらい、何が問題なのかを聞き、解決できるものについてはその場で決め、アクションを起こすべきものは担当を決めた。しかし、毎回あまりの問題の多さに、このプロジェクトは崖っぷちにいるように見えてくることもあった。打ち合わせが終わった帰途、電気島のチーム員だけでちょこっと飲んで食事をするのがお決まりだったが、この雑談の合間にチーム員が抱える課題も話すので、自然と「きぼう」全体の進捗状況を把握できるようになってきた。併せて、この「ちょこっと」がチーム員の息抜きとやる気を引き出したようだ。

この打ち合わせがその二社の社内全体に知られるようになると、電気島の問題とは直接関係のない課題についての相談が持ち込まれるようになった。打ち合わせの時間に割り込ませるようにしたが、筆者の権限の範囲でヒアリングし、他の島と調整の手配をチーム員に指示した。開始して一年くらい過ぎたころ、打ち合わせも効率よくやれるようになり、また、二社の関係者とは親密な関係になり、新たな課題も打ち合わせを待たないで、チーム員が解決するようになってきた。

開発の管理

「きぼう」黎明期を支えたプロジェクトマネジャーは、堀川康氏（のちに理事）であった。

二〇〇三年の米国政府のＩＳＳリデザインおよびロシア参加により、プログラムの継続が危うかった時期に、「きぼう」の設計を固めるとともに、全体計画、予算、国際協定等のプロジェクト運営を整備した方であった。筆者がプロジェクトに配属されてそんなに時間がたたないうちに、このプロジェクトは、堀川プロジェクトマネジャーを中心に回っていることが分かった。そして、技術的に支えていたのが、次長の白木邦明氏であった。

白木氏は、一九八四年にロケット開発部門から異動して、宇宙基地参加検討チームに配属され、手探りで日本実験棟の原型をまとめた一人だった。白木氏は、「とりあえず何とかやれ。」とリーダーに言われ、情報収集や資料作成を始めたが、その作業は困難を極めた。当時の日本は純国産のロケット開発にようやく産業界が乗り出す段階、有人宇宙船の開発の知識がなく手探りで、研究者や産業界の代表らと検討を重ね、研究者や産業界の〝きぼう〟を取り入れて他国の施設にはない船内・船外実験施設や保管室、ロボットアームなどの基本構成とした原案を作った。氏は「きぼう計画は異端児だった」と打ち明ける。実際の設計段階では、日本の技術者らは途方に暮れた。有人宇宙活動についてはほぼ白紙の状態で、やり方が分からなかった。

（二〇〇九年八月三日『産経新聞』「「きぼう」から未来へ―上」より）

そんな状況であったが、堀川氏と白木氏のコンビで「きぼう」の開発をぶれないで進めてゆく体制ができ上がっていった。堀川氏は、仕事のやり方を大幅に改善させていった。

一つ目は開発総資金の管理であった。日本は有人システムの開発経験がないのだから開発を通じて技術獲得する必要がある。そのため、ステップバイステップで、試作モデル—技術試験モデル—プロトタイプモデル—実機開発方式で開発を進め、開発進捗を見ながら必要に応じて予算の増額をしてゆくこととした。一方、コストと技術のバランスをとって必要以上の要求を低減するとともに、不必要な作業工数の削減も行った。

「きぼう」開発でのコスト低減調整は厳しいもので、堀川プロジェクトマネジャーは納得しない限りコストを確定せず、連日要求調整を行い、ねじ一本を絞める工数の評価まで踏み込んでいった。超多忙な毎日が続いた。幸い、米国の度重なる打ち上げスケジュールの遅延、ロシア参画による「きぼう」システムの見直しおよび技術要求の簡素化により「きぼう」開発のスケジュール上の問題は少なく、予算のやりくりはうまくできていた。しかし、一方でNASAの設計変更のため、「きぼう」開発企業に方向転換を強いるものが出てきた。例えば、宇宙飛行士の安全のための炭酸ガス除去装置は、ISS全体で集中化して行うことになったため、「きぼう」での空気再生技術開発を断念した。また船外プラットフォームは二台の連結方式をやめ一体型にして、システムを簡素化した。結果はかなり合理的なコストに落ち着くことになった。

会議を意思決定の場に

堀川プロジェクトマネジャーの行なった改革の二つ目は、プロジェクト内部会議や設計会議を意思決定組織として規定したことである。

設計会議は、「きぼう」開発の具体的な要求内容の設定、山積する課題解決を行う意思決定組織として規定した。そして、この設計会議を毎週火曜日に開き、関係者は誰でも参加でき、開発担当マネジャーの合議で決定する方式とした。さらに会議の結果は「きぼう」開発企業に公開することとした。この取り組みは、チーム員にも企業にも好意的に受け止められた。それまで、各開発担当島が最適と思っているインターフェイス仕様は、島間で頑なに主張し合うために決まらず、機器の手配ができないでいる状況であった。設計会議で関係者が一同に会して「きぼう」全体として最適な技術要求は何かを議論するようになってから結果はほぼ妥当なところに落ち着くようになった。

実際に運用するシナリオはどうなっているのか、それを実現する「きぼう」システムとしての最適な技術解はどこか、コストはどうか、実現案のトレードオフは妥当か、などの観点から各課題を「きぼう」技術陣全体で判断していった。初めての挑戦が山のようにあってカオスのような状況だったが、白木氏が技術的な面で堀川プロジェクトマネジャーを支え、できるだけ全員のコンセンサスを目指していたので雰囲気は悪くなかった。設計会議での議論が文書で企業にも公開されて実情が知られるようになると、問題が発生した時は設計会議に持ち込み意思決定してほしいとの要請が、企業からも出るようになった。

設計会議の事務局を担当したのは、システム島とプロ管島であった。システム島には、システム技術に通じた専門家がおり、システムエンジニアリングの観点から会議に提示する資料を事前に原局と十分調整をしていた。また、プロ管島は、予算、スコープ、スケジュール、調達、リスク、NASA調整などのプロジェクトマネジメントの観点から事前のチェックをするという、いわばプロジェクトマネジャーの参謀チームになっていた。有人宇宙実験室という新技術の開発に際して、プロジェクトマネジメントの基本である集団の頭脳と技術を結集させて大きな仕事をするというチーム方式が、「きぼう」の基本設計から製造・試験段階で功を奏していた。「きぼう」の設計を決めてゆく段階でも、他国の施設にはない船内・船外実験施設や保管室、ロボットアームなどの基本構成のユニークさにこだわり、国際的な視野とロングレンジで考えて設計を最適化することをチーム員は忘れなかった。

Quick is beautiful!

堀川氏が一九九八年にＩＳＳプログラムマネジャーに異動し、後任として白木氏がプロジェクト・マネジャーになった。またこの年の六月、筆者は、システムと電気島を統合したシステムインテ(SI: System Integration) 島を担当することになった。

組織はうまく回り始めたものの、課題は山積しており、次々に意思決定してゆかねば到底打ち上げには間に合わない状態だった。技術的な詰めが一〇〇％になるまで待っていては、間に合わない。そこで、ＳＩ島のメンバーに常に、「Quick is beautiful! 中身が六〇％固まっていれば作業にＧＯをかけるからいつでも持ってきてほしい」と何かにつけ、この言葉を口にするようにした。メンバーは、中身をどう企業と固めたらいいのか、ＮＡＳＡがらみの駆け引きもあり、課題を自分達だけで抱え込んでいた。それまでは、議論に耐えるだけの中身がないと突き返されていたし、特に、期限付きで企業や団体からＪＡＸＡに出向していた方々は、誰に相談をしたらいいのか分らず迷っていて、時間だけが過ぎてゆくのが実情であったようだ。

徐々に筆者のところに複雑な課題を相談に来てくれるようになり、一緒に解決策を考えたり、システム全体の課題については、他の島の担当を呼んで知恵を絞ってゆく回数が増してきた。

メンバーが自分に話しかけやすいように、ダジャレを時たま混ぜながら、「とにかく課題が六〇％くらい固まっていれば、設計会議にかけてプロジェクトとして意思決定してもらおう。なにしろ時間がないんだから、自分が課題をもらったら、そのボールを早く関係者に渡して知恵をもらう。また、ボールが戻ってきたら、関係者の知恵をかりるためすぐ処理してボールを投げる。その繰り返しで解決策はできる。要は、『Quick is beautiful!』だよ」

この言葉は、新聞のコラムに出ていた物理学者のフリーマン・ダイソンの言葉で、筆者の仕事にちょうどいい言葉だったので、あちこちで使った。そのため、ＳＩ島のメンバーは、長い間、筆者が考えた言葉と誤解している人が多くいた。

ＩＳＳの騒音問題

ＳＩ島の課題では、騒音問題が印象深かった。ＩＳＳは閉鎖空間で人間が長期間滞在するため騒音は重要な問題となった。一九九八年にロシアの居住・実験棟が軌道上に建設され宇宙飛行士が滞在を始めたが、船内騒音レベルが非常に高かったため耳栓をして寝るような事態になり、医学上も危機管理上の重要な課題として注目を浴びることになったのである。ＩＳＳの騒音についての要求は、六三ヘルツから八キロヘルツの周波数帯域で各周波数毎の音圧を規定した曲線に基づき規定されている。これは騒音のレベルを高級ホテルのロビーか一般の事務所と同じ程度まで抑えることを意味する。船内実験室にはファンやポンプなどの回転機器を中心に騒音源があちこちにある。主要な騒音源は空調であり、空気循環ファンから直接発生する放射音、出入口のダクト内を空気が通過する際に発生する空気伝搬音と振動伝搬音、空気排出器や空気取り入れグリルを空気が通過する際に生じる気流音が発生する。「きぼう」船内実験室の騒音を下げるため、設計段階から騒音解析と試験をしてデータをとり、対策を施して試験をするという繰り返しを行った。開発企業とＳＩ島の空調・熱担当と相談しながら、対策を検討していった。ただ、空気循環ファンはＩＳＳ共通品として米国企業より購入していることから、ファン単体の騒音低減ができず、システム全体での騒音対策を行う必要があった。

この課題を中心になって解決していった青木伊知郎氏は、当時を振り返ってこう語っている。

空調システムは熱制御システムと同一のラックに搭載されており、除湿用水分離機と能動熱制御用の冷却水循環ポンプのような騒音源もあり、ラックへの吸音材と遮音材の内張りが効果がある。また、ダクト経由の空気出入口における騒音を低減するため、膨張型サイレンサを船内実験室に四台搭載し、かつ、船内保管室からの騒音も実験室に入ってくるので保管室に二台搭載するとともに、キャビン空気ダクトはＣＦＲＰ製とし、その内面には吸音材を設置した。更に、空気吹出口にも減音効果を与えるため、ハニカムコアと多孔面板を有する吸音構造を採用している。尚、水分離機の振動音に対しては、防振マウントを取付部に設置した。また、一六か所の空気排出器は均一な吹き出し量とする設計とした。船内実験室実機を使用して測定した結果、ＩＳＳ設計要求をすべて満足していた。ちなみにＩＳＳ要求を満足させた宇宙棟はほんの僅かであった。

ＳＩ島だけでなく「きぼう」プロジェクトを成功させるために、長期にわたり外界と隔絶された空間で人間が生きていくための課題に真摯に取り組んで解決してゆく人材をいかに多くチームメンバーに登用するかが筆者の重要な仕事となっていった。

チームの風通しを良くする

筆者は、二〇〇〇年八月一日に「きぼう」次長になり、巨大な「きぼう」開発のプロジェクトマネジメントを担当することになった。国際的な国家プロジェクトという重みが、ズシリとのしかかってきた。国のために直接貢献できるという自負がわき出てくる一方、責任の重大さに息がつまる思いがした。さらに、白木プロジェクトマネジャーは筆者に多くの実務を任せるようにしていた。

筆者は、「きぼう」開発のプロジェクト管理も担当することになり、「きぼう」の全体計画推進にも関わることになった。個別にヒアリングした結果、予算管理、スケジュール管理、リスク管理、調達管理、人的資源管理等を実施する仕組みがうまく整備されていないことが分かった。このため、開発島間の課題がありながら、自分の島だけみて全体の最適を図る調整がされていない状態だった。

こうした事態をひとつずつ改善すべく、筆者がやったのはまず手綱をゆるめることだった。たとえば、それまでの設計会議は、空気がピーンと張り詰め緊張感に包まれ、若い技術者が意見を言いにくい雰囲気だったが、二〇代から三〇代の若手メンバーでも「それは違いますよ」とか「それは変ですよ！」と平気で意見を言える会議の環境にしていった。また、下手なジョークを頻繁に発して、職場の重い雰囲気を少しでも楽な気持ちになれるように工夫した。そうやって、できるだけ個人が抱えている課題を皆に話してもらい、一緒に解決してゆく雰囲気を作り始めた。

技術的に判断が難しい課題や緊急の課題にしばしば直面したが、そのようなとき、システムに通じている筒井史哉氏が必ずそこにいた。システム全体から見たその課題の設計解を誘導し、皆を納得させ、必要な資金を引き出すために予算担当にその作業の重要性を説いて回った。彼はプロジェクトが技術的に間違った方向に行こうとしているときに、実際の運用の姿とそれを実現させる技術的手段を丁寧に説明して皆を納得させる先見性と鋭敏な勘を持っていた。

ＳＩ島には構造解析、熱解析などを行う解析メンバーを集め、「きぼう」が打ち上がった後の運用でＩＳＳのコンフィギュレーションが段階的に変更されるときに対応できる態勢を整えていった。英語ができ、衛星開発を経験した人材を、職員および企業から集めていった。しかし、職員に電気系の専門家が少なく、中途採用や支援会社に電気系技術者の確保を依頼して当面の対処をしていた。

さらに情報共有の場として、一か月に一度、プロジェクトチーム全員と支援企業の方々を集めて、「きぼう」の置かれている国際情勢、日本政府の状況、ＩＳＳ参加機関の動向および「きぼう」の今後の作業についての説明した。その際、目的達成への明快な「ビジョン」を示したうえ、その目的に向かう情熱と忍耐力を持ち、同じ目標へ向かう協働力がこのプロジェクトの推進には不可欠であると加えた。「きぼう」という船に乗ったのだからお互い協力してプロジェクトの成功と日本人宇宙飛行士のＩＳＳ長期滞在へ向けて着実に進めていこうと熱く語った。しかし、「きぼう」を運ぶシャトルの打ち上げが度々延期され、またISS建設の度重なる延期など不安がいっぱいであった。

しかし、陣頭指揮を効果的なものにするため、態度と言葉に抑揚をつけて手振りを多くし、表情はできるだけ明るくして、何とかなると思わせるように格好良く振舞うようにした。「不安を抑えて夢をみる」ことが、チーム員の士気を高めることになると考えた。

筆者を含めチーム員は、日の出とともにNASAとの電話会議や打ち合わせが始まり、夜が更けても仕事は終わらなかった。夜も、NASAとの電話会議やそれを受けた開発企業との電話会議が続いた。ある日は難問が片付いたと喜んだかと思うと、次の日には残っている問題の多さに打ち上げまでにすべて解決できるのは無理ではないかと思えてくる始末だった。

しかし、このプロジェクトに集まった技術者は経験を積んだ若者揃いで、問題を何とか片付けようという強い意志を持ち、へこたれる雰囲気は全くなかった。彼らの日常活動は、少しでも図面や試験計画がおかしかったり、無駄なことをしているところがあると、決して黙っていなかった。いつも数人の技術者が集まって、何らかの問題点を話し合っている光景が、オフィスのあちこちに見ることができた。構造担当と安全担当、電気担当とロボットアーム担当、実験担当と船外装置開発担当と、各自の机の周りに書類の束がフロアにもあふれ、通路が狭くなっているオフィスで、ガヤガヤと世間話を交え製造と試験の中身を詰めていた。筆者は、彼らを全面的に信頼していたので、むりに話に割り込んでゆくことはしなかった。各自がパソコンをにらんでいるだけで会話がないというような雰囲気ではなく、他部署の人間が根回しや調整にちょろちょろしたり、コーヒーをもった廊下トンビが少なくなかった。そのため、人間関係のぬくもりのようなものが職場のそこかしこに存在していた。

「きぼう」全体システム試験

次の難関は、二〇〇一年九月から二〇〇三年二月までの期間、筑波宇宙センターで「きぼう」打ち上げ実機を結合させた全体システム試験であった。これはリハーサルに相当する試験で、「きぼう」を打ち上げたあと、宇宙で組み立て、実験装置を組み込んだ状態を再現し、「きぼう」のコンピュータと筑波の運用管制システムから指令信号を送りデータをモニタすると共に、「こうのとり」を「きぼう」に搭載した機器と電波で結び、本番と同じ系統で試験と運用手順を確認するという大規模な試験であった。この計画を立てているときの「きぼう」の打ち上げ予定は二〇〇四年二月および二〇〇四年五月だったが、三つの実験装置の開発遅れ、「きぼう」運用管制システムの遅れが、重大な懸念事項となっていた。

「きぼう」の開発は最終段階に入り、船内実験室と船内保管室は名古屋で製作していたが、そこで想定外の事故が起きた。その時、開発企業の担当責任者であった植田豊氏が当時の事情についてこう述べている。

二〇〇〇年一二月、船内実験室の機能試験中に搭載していた実験装置を模擬した試験装置の冷却水配管の継手から水が漏れて内部に溜まっていることが発見された。冷却水はアルカリ水であったため、水を被った装置やねじをすべて外し洗浄することになった。開発担当会社内部では復旧に最低半年は必要との見方であったが、二〇〇一年九月から筑波で予定されている全体システム試験に間に合わせるためには、筑波への輸送準備のため二〇〇一年二月末までに復旧工事を終わらせる必要があった。年末年始を含めた休日を使い、昼夜二交代で総力を挙げて復旧作業をした。その結果、約三か月後の二〇〇一年二月中旬に復旧を終え、その後の機能試験を実施して予定通り二〇〇一年九月に筑波宇宙センターに向け出荷した。しかし、一難去ってまた一難。名古屋港から海上輸送で船内実験室を出航すると同時に台風が発生、航路を直撃する恐れが出てきたため、途中の東京湾に一時避難して難を逃れた。その一方で、輸送の一週間前に関東地方を直撃した台風の影響で利根川流域の霞ヶ浦へ通じる水門に大量の流木が溜まっていることが、船内実験室を積んだ船が通過する三日前に判明した。水門管理事務所に相談したところ、流木の撤去には一か月以上かかると言われた。それでは全体システム試験に間に合わないので、管理事務所の許可を得て現地の業者と契約、流木を徹夜の突貫工事で撤去した。これにより、航路が確保でき筑波宇宙センターへの搬入を予定通り行うことができた。

一方、船外プラットフォームは東京近郊の横田基地の近く、船外パレットは群馬県富岡市で、ロボットアームは神奈川県川崎市で、それぞれ別会社で製作・試験していた。いずれも二トンから一五トンもの大型荷物なので、真夜中に国道や市道を一時止めて、特殊なトレーラーに載せてゆっくり各工場からパトカーに先導してもらい運ぶ必要があった。こうした「きぼう」構成品の管理と運搬に関しては、それぞれの開発島が担当し、全体システムの企画と指揮はSI島で行った。細かなトラブルはいくつか発生したが、予定通り筑波宇宙センターの試験棟に「きぼう」を構成するすべてのシステムを運ぶことができた。

個々のシステムは各企業で試験済みであったが、「きぼう」全体としての系統、総合機能は全部組み上げて試験をする以外に確認する方法がない。試験項目は、①電力・通信系、データ伝送・ビデオ・音声系、熱冷却系、ガス系等の企業にまたがる系統機能性能、②実験装置群を搭載しての総合機能性能、③地上運用管制システムとの指令信号とモニタ信号、ファイル転送などのデータ伝送系統の機能性能確認、④「こうのとり」の電波系統と「きぼう」船内実験室との機能性能、の四つ。

二〇〇一年九月末、いよいよすべての「きぼう」施設を結合させて大がかりなインターフェイス確認のための試験が開始された。開発企業四社（当初開発企業は六社であったが、途中、吸収合併、事業部統合によって四社となった）と実験装置開発企業数社との合同試験だった。様々な実機合わせによる個別機器の不整合、通信ソフトウェアの不整合、熱制御系の不具合等があったが、その都度、J

ＡＸＡと企業技術者で知恵を出し合って解決していった。長丁場の試験で、運用管制システムによる指令信号と「きぼう」の状態のモニタ、「きぼう」各種コンピュータのファイル交換やアップデートなどの模擬運用も行ったので、ＩＳＳに取り付けた後のシステムの起動と初期運用についてはなんとか行けそうだという見通しがついた。試験中のハードウェアとソフトウェアの不具合は、迅速に修理と改修をして最終的に「きぼう」の要求仕様を満足させるものとなり、貴重な試験データは、ＮＡＳＡでの認定試験後審査の審査資料としても十分なデータとなった。

「きぼう」認定試験後審査

二〇〇二年三月と二〇〇三年三月、大がかりなＮＡＳＡの「きぼう」認定試験後審査（PQR: Post Qualification Review）を行った。この審査はかなり厳しいもので、それまで携わっていた人工衛星との違いを実感することになった。

「きぼう」ＰＱＲは、日本国内での開発が完了し、シャトルで打ち上げるためＮＡＳＡのケネディー宇宙センターに輸送し射場作業に移行するための審査で、審査終了後に、米国への輸送作業へのＧＯをかける重要な審査会であった。認定試験後審査すなわちＰＱＲは、要求仕様を満足しているかどうかを認定試験として実行し、その試験結果が本当に国際的に約束している内容になっているかどうかをこまごま審査するという意味をもち、宇宙開発のシステムエンジニアリング用語となっている。この審査では、米国流の要求に対するコンプライランス（法令順守）を事細かに膨大な文書でチェックする。有人宇宙開発においては、設計・製造のすべてのプロセスを要求文書で規定しておき、設計内容がきちんと試験や解析で履行されて安全性・信頼性が担保されていることを明らかにすることが、ミッションを達成させるための手続きとなる。これにはシステムを構成する各部品・材料について詳細なデータが必要となる。そのデータを元に各部品・材料について安全性を検証し、それを組みあわせたコンポーネントの安全性、さらに機体に組み立てたときの安全性を検証しなければならない。そのためには、部品やコンポーネントの設計から製造までのすべてのプロセスを記録しなければならない。そして、そうやって得られた部品材料、試験データや解析データ、図面、不具合管理などの文書を提出し審査を受ける。審査分野は、構造、機構、電力、アビオニクス（搭載機器）、熱、騒音など数十項目あり、項目ごとに検証データを揃えて要求をクリアしていることを証明しなければならない。安全性・信頼性要求は、製造での品質管理・不具合管理だけでなく設計段階から検証段階までのミッション保証要求をプロジェクトに課し、きちんと実施しているかが評価される。

審査資料で特に重要なのが、VCM（Verification Compliance Matrix）と呼ばれるもので、設計とインターフェイスの仕様書、製造図面などの上位要求がきちんと試験や解析を行っていることをマトリックス表にしたコンプライアンス検証の資料である。製造や試験で不具合が出た場合も、その安全・品質保証の管理文書がそのプロセスの証拠文書として含まれる。このマトリックスを作るのは初めての経験であり、大変な作業だった。このマトリックスは米国が有人宇宙開発で培ったノウハウを元にＩＳＳ参加機関に課したもので、システム全体を網羅して政府機関、企業の垣根を超えた情報の透明性を促進し、要求の確実な履行を把握でき、不足の箇所をあぶり出すうまい手段となっている。部品・材料管理、不具合管理などのデータ提供要求もする航空機開発での「型式認定」に似ており、最近は、ＩＳＯ９０００などで一般社会に広く知られるようになった米国流の証拠主義の一例と言えよう。

ＮＡＳＡのレビューは非常に厳しく、構造、ロボット、熱流体などのＮＡＳＡの専門家が審査を終了した後、その処置を試験・検証グループという特別なチームが一つ一つの技術データを再度チェックしてゆく。例えば、宇宙飛行士の船外活動の移動経路に応じて設置しているハンドレールは図面でその位置を定義している。ＮＡＳＡのチームは実物がその通りに製造されているかを一つ一つチェックしてゆく。証拠主義なので、現物での試験か解析が中心で、図面にあるからとか、インターフェイス仕様書の通りになっているというのは基本的には通らず、測定した結果を記述し、製造担当とは別のグループのメンバーが検査しサインするか印を押し、日付を記入したものが必要となった。

我々は初めて行うＮＡＳＡ対応審査会に不安を抱えながら、プロジェクトメンバーおよび開発企業で準備を進めた。「きぼう」は二〇〇万点からなる部品で作られ、これは人工衛星五台分に相当する大規模な宇宙船であるため、ＮＡＳＡも「きぼう」システムを理解するのに時間がかかること、また審査内容が膨大で技術者がたくさん必要なため、審査は二回に分けてＰＱＲ＃１、ＰＱＲ＃２として実施することとした。ＮＡＳＡの日本担当のマネジャーと相談して船内実験室やロボットアームのような個別システムの審査はＰＱＲ＃１で、「きぼう」全体としての審査はＰＱＲ＃２として二回に分けた。

二〇〇二年三月のＰＱＲ＃１は、散々な結果であった。ＮＡＳＡのマネジメントと技術担当から苦情が山のように指摘票の形で送られてきた。検証結果も図面番号しか書かれていない。実際のハードウェアが図面通り製造していることをチェックしたものが不足しており、例えばハンドレールの取り付け位置は実際に測定した結果のあるレポートか記録が必要だが、欠落している。さらに、性能要求に対しては数値での検証結果、どのような方法で試験をしたのか、そのクライテリアはどう設定したのかがない。

準備がうまくできなかった理由は、このような審査会を過去にやったことがなく、何をどうやればいいのか分からなかったからである。さらにレポートを英語で記述する経験がなく英訳準備に時間がかかったため、ＮＡＳＡのレビューを二度延期することとなった。本審査会の二か月前には、指摘事項とその根拠等を書いた指摘票という用紙をベースに、開発側と回答内容の調整をしてゆく会議を開催する。しかし、回答に必要な証拠となる文書が適切でなかったり、開発企業で実施した製造後の試験のデータをＮＡＳＡの専門家が工場を訪問してチェックをするという要求に対して出張日程が決まらなかったりで、さらに本審査を四か月延期することになった。

　一方でNASAのやり方も一貫性がなく、どこまで検証データをみれば終わりなのか明確でなかった。突っ込んで指摘してゆくと際限がなく、指摘したNASAの担当者によりレビューの深さが異なることがしばしばあった。本来ならば日本が自ら開発するので、協定上では開発国に責任がゆだねられているはずであったが、日本が人間を搭乗させる宇宙船を作るのは初めてということもあり、信用がなかったことも背景にあった。そのため、NASA技術陣も、レビューをどの程度深くするかの指示が各部門に出ておらず、結果的に製造作業の細部に踏み込むNASAの検証メンバーもいた。

　これらの拙さを改善させて、PQR＃2は、以下のように段取りを工夫した。

まず、PQR＃2の本審査会の三ヶ月前に、「きぼう」開発の専門家をヒューストンに派遣して、キックオフ会議として概要説明を行う。さらに現地でサブシステム別に技術調整会を開くとともに、指摘票の処置をJAXAと開発担当が参加してひざ詰めで説明し、質疑応答を受ける機会を設けた。そして、ある程度整理でき、重要事項と「きぼう」全体に関する指摘が絞られた段階で、担当マネジャーをヒューストンに派遣して要求の履行結果やVCMを確認した。これらの方法によりNASAからの苦情も激減した。また、作業のゴールが具体的に何で、どんなスケジュールで作業するのか、司令塔はどこかが明示されたので、JAXAのプロジェクトも企業のメンバーもうまく動くことができるようになった。

ただ、こうしたプロセスを経ても、ひと悶着するような場面は枚挙にいとまがない。たとえば、船内実験室の外壁は沢山のリベットで止められているが、リベットの強度についてのＮＡＳＡの指摘に対して民間飛行機で数多くの実績がある、とだけ記述して回答。しかし、ＮＡＳＡの指摘はリベットの強度の試験結果の数値はいくらか、強度はどこまで耐えるのかのデータを提示してくれと技術的な数値での回答を要求するもので、船内実験室の打ち上げから軌道上寿命までのいろいろな荷重に対して実験室の構造体が部品を含めて本当に問題がないのかを、解析と試験のデータを用いて確認しようとしていた。このため、「実績がある」とだけ書かれた記述は観念的なものでしかなく、システム技術評価の本質を理解していないことを示すことになった。しかし、こうした問題が生じる度に、一つ一つ対応して乗り越えていった。その経験により、ＮＡＳＡが何をチェックしようとしているのか、米国の実践主義とは何かを具体的に理解することとなり、ＰＱＲ＃２の作業は非常にスムーズに進むことになった。

毎日のようにＮＡＳＡから山のように送られてくる指摘票に、開発各島が全員参加して対応した。並行して全体システム試験を実施していたので、試験の合間に指摘票の処理と企業との調整、ＮＡＳＡ指摘者とのやりとりを行うため、毎日新しい挑戦と危機の連続で、眠りの浅いまま朝を迎える日々が続いた。救いは、筆者のところに持ち込まれる問題が、次第に最終判断だけ求めるものが多くなったことであった。

米国フロリダ州にあるNASAケネディー宇宙センターで、イタリアが開発した「ノード2」との実機組み合わせ国際試験が二〇〇三年八月と決まっており、それに間に合うように「きぼう」船内実験室を船で運ばねばならない。横浜港を出港する期限は二〇〇三年四月。米国政府、通関、欧州宇宙機関とNASAがからみ、さらにNASAとJAXAの予算の制約があり、遅らせるわけにはいかなかった。

二〇〇三年早春、「きぼう」最終認定審査が筑波宇宙センターで行われた。これは安全とシステムについてのISS国際要求に対して製品がきちんと開発できているかを審査するものであったが、いくつかのフォロー事項は出たものの「きぼう」のシャトル打ち上げ射場準備に向け、GOが出された。開発上の不具合がNASAや他のISSの参加機関に比べると非常に少なく、NASAの審査員がびっくりしていた。

これで、非常に長かった日本初の有人宇宙実験室「きぼう」開発が終了した。

「きぼう」船内実験室、米国に向け出航

二〇〇三年四月二二日未明、「きぼう」船内実験室のコンテナを載せた大型トレーラーが筑波宇宙センターを出発、シャトルの射場である米国フロリダ州ケネディー宇宙センターに向けた輸送が開始された。霞ヶ浦の土浦新港でバージに乗せ替え、銚子港へ、そこで外洋用船に乗せ替えて、横浜大黒

埠頭へ。さら約一万五千トンの太平洋横断の商用貨物船に載せて五月二日出航し、パナマ運河を通過して五月三〇日にフロリダのケープカナベラル港に到着した。その後、ＮＡＳＡによる作業でＮＡＳＡケネディー宇宙センターのＩＳＳ専用大型クリーンルームに搬入され、所定の位置に設置された。

開発運用統合プロジェクト発足

二〇〇三年一〇月、「きぼう」開発プロジェクトが日本での作業がほぼ完了に近づき、ケネディー宇宙センターに輸送も終了し、ＮＡＳＡとの共同作業となるシャトルでの打ち上げ準備と運用準備作業へとフェーズが移る段階となった。これを契機に「きぼう」の開発技術を運用技術に移行させるため、「きぼう」運用プロジェクトと開発プロジェクトを統合する組織改正を行った。統合した直後に、全員を集め、次のように伝えた。

「きぼうの複数の打ち上げ実機は、衛星間通信システムなど一部の機器を除いて納入され、船内実験室は、ＮＡＳＡのケネディー宇宙センターに輸送し『ノード２』との国際インターフェイス試験を終了させた。今後は、打ち上げまでに機能・性能を維持し、射場作業と運用文書を作成してゆくことになる。さらに、地上運用システム、訓練システムの開発および軌道上での運用準備作業を加速させる段階にある。『きぼう』打ち上げ・運用開始に向けて作業を効率よく行うために『きぼう』開発と運用の両プロジェクトを統合し、新しい体制とする」

この日から、「きぼう」運用における山積の課題に筆者も深く関与することになった。そこでまず、体制を、「きぼう」システム開発、システム技術・射場計画、軌道上運用管制、運用システム開発、プロジェクト推進の五つのグループにした。さらに技術者に二つの仕事を担当してもらうためマトリックス体制とした。これにより、開発と運用のメンバーが仕事を一緒にやり、技術の交流が必然的にできることになった。

ただ、「きぼう」の運用体制の構築は、筆者が関わる前から始まっていた。少し経緯を振り返ろう。

日本人宇宙飛行士の養成

ＩＳＳの組み立てが始まると日本、カナダ、欧州のＩＳＳパートナーは自国の宇宙飛行士をＩＳＳに搭乗させることになる。この時までに、各国に十分な飛行経験を積んでもらう必要があることから、ＮＡＳＡはＩＳＳパートナーにシャトル搭乗の機会を提供すべく、一九九二年七月から開始されるシャトルのミッションスペシャリスト（ＭＳ）養成コースにＩＳＳ参加国の宇宙飛行士候補を参加させるよう提案してきた。これに対し日本はＩＳＳ宇宙飛行士の養成について、ＮＡＳＡは日米共同作業の経験蓄積が双方にとって重要であるとの見地から、日本人（若田宇宙飛行士）を参加させることにした。これまでは、毛利、向井両宇宙飛行士は搭乗科学技術者（ペイロード・スペシャリスト）として特定のミッションの科学者だったのに対して、若田宇宙飛行士がミッションスペシャリストとしての認定を受ければ、日本初のシャトルのフライトエンジニアとしてシステム全般を通じ、かつロボットアームのオペレータとして操作に携わることになる。
その後、ＮＡＳＡのＭＳ訓練コースに日本人宇宙飛行士（毛利、土井、野口）も継続して参加し、シャトルに搭乗するためＮＡＳＡで訓練を受け認定されていった。さらにＩＳＳ宇宙飛行士候補として一九九九年に選抜された古川、星出、山崎の三名、また二〇〇九年に選抜された油井亀美也、大西卓哉、金井宣茂の三名も、ＩＳＳのミッションスペシャリストとしての認定を受けている。

「きぼう」の開発も進み、ＩＳＳ組み立てが開始された一九九八年から運用準備が本格化してきた。体制づくりは米国、カナダ、欧州が先行していたが「きぼう」の運用準備が本格化してくると、日本でも運用体制を構築していくうえで、宇宙飛行士を訓練する訓練インストラクターや飛行士が宇宙に行った後、彼らの指導と作業支援を地上から行うフライトディレクター（運用管制指揮官）とフライトコントローラ（運用管制官）をどのように養成するかが緊急の課題となってきた。

きぼう訓練インストラクター養成

シャトルやソユーズ宇宙船に搭乗する宇宙飛行士の訓練は、宇宙船を保有する国が行ってきた。ＩＳＳでは、参加機関は割り当てに応じて自国の宇宙飛行士を長期滞在させる権利を持つとともに、養成する責任を有することになっている。宇宙飛行士候補者を養成し宇宙飛行士として認定するまでの訓練が基礎訓練である。日本も日本人宇宙飛行士にするための基礎訓練を行い、認定する責任を有する。

ＩＳＳの宇宙飛行士の認定は、シャトルやソユーズの訓練とは異なり、ＩＳＳ計画に参加している五つの宇宙機関で構成する国際訓練管理会議で訓練内容について調整を行い、各国で分担してＩＳＳの宇宙飛行士を訓練し認定する。日本もＩＳＳの訓練要求に基づき基礎訓練を始めた。

ＩＳＳ宇宙飛行士の訓練インストラクターは、体系的な教育を受けて認定された者が行うよう義務付けられている。このため、「きぼう」の訓練計画、体制、訓練システムの整備などをどのように進めてゆくのが課題となった。まず検討作業の足掛かりとして、ちょうど毛利宇宙飛行士搭乗のシャトル宇宙実験ミッションがタイミングが良く調査対象として身近であったので、シャトル訓練の現場を調査するため、一九九五年からＩＳＳ訓練担当職員をジョンソン宇宙センター近くにあるヒューストン駐在員事務所に派遣することにした。

ＩＳＳおよび「きぼう」が運用されている今でこそシャトルのシステムや運用はよく知られているが、当時は宇宙飛行士の訓練に関しても、どのような設備を使うのか、訓練がどのように組み立てられているのか、ＮＡＳＡで訓練を行う宇宙飛行士を見て、探っていた時代であった。しかし、宇宙飛行士訓練の本質を学ぶには、ＮＡＳＡの組織の中で現場の泥臭い実態を知らないと先には進めないことが明確になってきた。

そこで一九九六年のシャトル「エンデバー」（ＳＴＳ－７２）に搭乗する若田宇宙飛行士の技術支援業務を行いながら、訓練に関わる知見を蓄積することにした。ＮＡＳＡにおける宇宙飛行士候補者としての訓練から始まり、実際のミッションの固有訓練を経て、打ち上げ・宇宙飛行し、帰還するまでの流れを一通り把握し、さらに若田宇宙飛行士の経験をフィードバックすることで、ようやく訓練についての詳細な知識や実際の訓練のやり方等を体系的に把握でき、工夫している点やコツ等を蓄積することができるようになった。

さらに、日本の民間企業一つは、独自にＮＡＳＡを退職したアポロ計画から宇宙飛行士訓練に関与した技術者を雇用して、訓練への心得、コツ、飛行士へのホスピタリティーなどを修得していった。

加えて一九九八年にはＮＡＳＡの宇宙飛行士訓練の実態と経験を学ぶため、、ＮＡＳＡのインストラクター養成コースに要員を派遣することにした。これは宇宙飛行士への訓練提供手法、評価方法を学ぶ三週間のコース。つまり、有人宇宙船の宇宙飛行士養成のメッカであるジョンソン宇宙センターでの独自のやり方を身に着け、内部に入らないと習得できないことを実践で学ぶことにしたのである。

帰国後、ＮＡＳＡの訓練コースで学んだものを「きぼう」訓練用にアレンジし、ＮＡＳＡ宇宙飛行士訓練に関与した技術者のチェックを受け、再構成して訓練教材やカリキュラム等を作成した。これを、「一般インストラクター技術」コースとして制定した。

一九九九年、訓練に必要な準備ができたころ、日本での「きぼう」訓練インストラクターの本格訓練が開始された。「一般インストラクター技術」コースに引き続き、宇宙飛行士に実施する訓練と全く同じ状況で行う「模擬訓練」へ進む。この訓練を実施して間もない頃は、被訓練者（宇宙飛行士役）は、元NASA宇宙飛行士訓練技術者で、インストラクターに厳しく質問を連発、指さし棒で机をたたくこともあり、予定した訓練時間の二倍を超しても終わらないことがあった。通常インストラクターは一日に数レッスン受け持つが、この頃は一レッスン分の訓練リハーサルを終えた段階で気力と体力を使い果たしていた。図や表の改善、説明用の小物製作、自分なりに伝えたいポイントは何か。どう伝えたらいいのか。訓練のマネージャー達は、訓練技術者の力を借りて教材やカリキュラム等の修正を繰り返し、徐々に訓練をスムーズに進められるようになってきた。

そして、二〇〇〇年、本物の宇宙飛行士参加のもとで、訓練インストラクター養成の最終リハーサルが行われ、インストラクター訓練の成果が試された。これまでの準備がよかったのか、宇宙飛行士が何に戸惑っているのか、相手を見ながら感じ取れるようになっていた。

「きぼう」運用管制官養成

日本実験棟「きぼう」を地上で支えるのは、JAXA筑波宇宙センターの運用管制チームである。

三交代で一年中休みなく、四〇〇キロの上空の軌道を見守る。これまでは日本人がシャトルに乗る時も、運用管制は常にＮＡＳＡが担ってきた。有人宇宙運用で日本側が管制したのは、二〇〇八年の土井宇宙飛行士が搭乗したフライトで「きぼう」の最初の船内保管室がＩＳＳに取り付けられたときが最初であった。日本では、人工衛星の管制官は長い歴史もあり、いろいろな異常事態にも対処できる能力を身に着けていた。しかし、「きぼう」の運用管制官は人間の生命を第一にしなければならず、有人宇宙船の運用管制は人工衛星のそれとは何が違うのか、不安と希望の入り混じった気持ちで業務に従事していた。実運用が始まり、有人宇宙船の管制作業に慣れてくると、これまで蓄えてきた衛星管制の経験で身に着けてきた知識やスキルが、大部分生かせることが分かってきた。ＮＡＳＡの連中は、新参者の日本人になぜか丁寧に親切にいろいろなことを教えてくれた。しかし、「きぼう」運用管制官の養成は苦労が多かった。ここでは、その歴史を振り返ってみる。

運用管制チームの立ち上げからチーム運営をリードしていった横山哲朗氏は、当時を振り返って次のように語っている。

新規開発の宇宙船は、開発した技術者が初期運用を指揮するのが当たり前だと思っていたが、ＮＡＳＡは有人宇宙運用部隊がすでに熟練の域にいた。当時、米国宇宙飛行士は、二〇〇名以上いたが、宇宙船を運用管制するフライトディレクターは、ジョンソン宇宙センター始まって以来、総数約四〇名にしか認定を与えていなかった。宇宙飛行士に次いで花形のポストであった。まさに、ミッションを現場で仕切ってゆく指揮官であり、精鋭組織としてプライドは高かった。NASAは、ISS担当フライトディレクターも指名を始めていた。初代はチャック・ショーで、豊かな経験を有していた。その豊かな経験を踏まえ、新しく参加したNASA管制官に「しっかり訓練せよ、そうすれば、本番はずいぶん楽なはずだ」と激励していた。

一九九〇年初頭の宇宙ステーション管理会議に、アポロ一三号の危機を救った伝説のフライトディレクター、ジーン・クランツが現れた。ISSの設計を運用面から分析・評価した特別チーム委員長としての出席であった。議長の特別丁重な紹介のあと「俺たちが運用するから、しっかり作れ」と開発チームに檄をとばした。会議には、アポロ一三号の宇宙飛行士フレッド・ヘイズも参加していた。あの修羅場を潜り抜けてきた二人を見て、「この連中と、これから一緒に仕事をするのか!」と身震いする思いがした。

「きぼう」運用管制チーム作りは一九九〇年の後半に着手した。まずは、第一世代を育成することである。初めての有人宇宙運用であったため、手始めとしてNASAのジョンソン宇宙センターで行われているスペースシャトル運用およびISS運用準備の現場研修から始めた。一九九〇年暮れ、毛利宇宙飛行士ミッション運用（一九九二年）に際して、NASAからヒューストン業務に従事する機会を日本に提供するとの申し出があった。これは、今後ＩＳＳ運用をＮＡＳＡと共同で実施する必要があり、日本側の運用・運営の技術レベルを上げようとの思惑があった。そこで「JEM Operation Internship」と称する研修をＮＡＳＡとの間で立ち上げ、二回にわたり三人づつ研修生を派遣した。そのうちの一名は研修後に訓練状況を振り返って次のように述べている。

九月からＮＡＳＡ運用本部に配属されたＮＡＳＡ新人四〇名対象のミッション運用本部フェーズ一訓練に参加した。三週間にわたり、ＮＡＳＡの歴史、組織、宇宙技術、ＩＳＳの紹介まで幅広く講義を受けた。最終日には、択一方式の六〇問の試験があった。その後、ペイロード運用部門、訓練部門、計画・手順部門に配属された。ＮＡＳＡ職員とともにペイロード運用部門に配属された者は、フェーズ二訓練を受けた。これは、シャトル管制に係る各種資格を取得してゆく訓練で、資格毎に訓練計画が体系的に設定されていた。また、教材も、テキスト、コンピュータベーストレーニングなどに加え、実際の運用に参加するＯＪＴ（On the Job Training）が準備されていた。最初の三か月は、毎朝職場にその日に読むべきテキストが五センチから一〇センチの山になって待ち受けているという日々が続いた。実際に行う業務も体系化され、細分化されており、目的、実施時期、インプット・アウトプット、調整相手、業務上の注意事項、着目点、作成資料の構成が記載された資料になっていた。

また、一九九七年に「きぼう」運用管制チームを立ち上げた「きぼう」運用チームの東覚芳夫氏は当時の様子をこのように述べている。

人工衛星の運用経験があるが新しいことばかりであった。具体的には、まず、用語が理解できない。手順書の書きぶりが全く異なる。有人宇宙船なので、人工衛星ではできない宇宙での装置組み立てや交換など便利なこともあるが、有人ならではの制約、安全対策も沢山ある。宇宙の宇宙飛行士との交信や、ヒューストンとの交信での決まり事、独特な会話表現など数え上げたらきりがないくらいであった。有人運用にはどんな訓練が必要なのか、アポロ一三号フライトデレクター、ジーン・クランツなどの偉人伝のイメージしかなく、国内では空論ばかりで時間を費やしていた。

そこで、横山氏はNASAのISSフライトディレクターのショーに面会し、日本のフライトディレクターとコントローラー育成に協力してくれるよう依頼した。しばらくした後、NASAは全面的に協力してくれることになった。

一九九八年、「きぼう」運用管制チームが産声をあげたが、本格的なスタートをきったのは一九九九年四月からで、半年ごとに数名ずつＮＡＳＡに派遣し有人宇宙船運用訓練を始めてからである。当時、ＮＡＳＡはＩＳＳの「ノード1」をシャトルで打ち上げたばかりで、ＮＡＳＡでも認定されたフライトコントローラは少なく、訓練を開始したばかりの運用管制官が多かった。

ＮＡＳＡの運用管制官訓練カリキュラムは非常に完成度が高く、教室形式の座学、模擬運用管制装置を使った操作訓練、運用文書作成、模擬訓練から構成され、二年間で認定するためのロードマップができていた。座学と操作訓練は事前に予習をしておくことが前提で、講師が教えるのではなく、訓練生に次々と質問をしてゆき、どこまで理解しているのかを確認する形式で進められる。そのため、講義の前には十分予習する時間が必要だった。予習で分からなかったところを講義で確認するだけなので効率がよい。また、カリキュラムにはクロスカルチャー訓練があり、国際協働プロジェクトを進めるにあたりロシア、日本の文化を理解するための講座も開設されていた。

さらに、フライトコントローラの養成とは別に、「きぼう」のフライトディレクター養成を行うため、一九九九年八月から候補者として東覚芳夫氏や松浦真弓氏らをほぼ半年毎に一人ＮＡＳＡに派遣することとした。派遣先は、ジョンソン宇宙センターの運用部門（MOD: Mission Operation Directorate）であった。当時のＩＳＳは、まだ無人運用で、組み立てミッションに向けた運用模擬訓練や運用検討会議が行われていた。ＩＳＳ運用中枢部門の現場にどっぷり入ってＩＳＳ初期段階の運用準備作業と実運用を目と肌で感じた経験のおかげで、管制官としての経験だけでなく、ＮＡＳＡ

との人脈形成ができていった。この人脈が「きぼう」ミッションの打ち上げ・組み立ての厳しい場面で非常に役立つことになった。

松浦氏の指導員は、ベテランフライトディレクターのショーであった。ショーは、当時若田宇宙飛行士が初めて搭乗するシャトルミッションの主席フライトディレクターで、彼のチームの管制官たちは、半年後に行う若田ミッション運用やISSの組み立てミッションの準備で忙しい時期であった。ショーは、ISSシミュレーション訓練を見せるような機会を何回も作ってくれた。松浦氏は、その当時を振り返ってこう語っている。

ISSチームに異動する前には、人工衛星やロケットの運用業務を行っていたが、運用管制官（ショー）の働きは違っていた。シミュレーション訓練中、ひっきりなしで起こる不具合一つ一つに処置の指示をしながら、刻々と変わっていくタイムラインの変更調整をし、手順をチェック、結果も確認、時々様子を見に来る関係者にも挨拶、途中でお弁当を食べつつ、管制卓の画面でデータを確認しながら、パソコンに向かいひたすらにログ（作業記録）をとる。ついでに横の私にあれこれと説明してくれる。必要な時だけ指示をしてドカッと座っているイメージとは全く違っていた。ショーは、〝運用は九割が準備、一割が管制卓〟というキーワードをくれた。準備に準備を重ね、あらかじめチーム内であれこれ議論をしているから、本番では数分で処置ができるのです。

これらの研修により、NASAで行われている運用業務が複眼的に見えるようになり、運用組織の仕組みが理解できるようになってきた。

運用プロジェクトテコ入れ

運用プロジェクトの課題をテコ入れするため、開発と運用の二つの業務を整理して、実現可能なスケジュールの整理と企業を含んだ体制の整備に着手した。筆者は、皆に今後の体制についてこう説明した。

「きぼう」の初期運用はサブシステムを複合的に動かさなければならないので、サブシステム要員と全体システムをマネージできるシステムエンジニアが必要です。まず、JAXA職員でこの役割を果たす要員を養成する。実運用は、管制室でリアルタイム運用の監視制御チームと、バックルームで支援する技術評価チームで構成する計画である。監視制御要員は主にシステムエンジニアで構成、最低一つのサブシステムの専門に立脚したエンジニアが望ましい。JAXAと、運用支援企業、開発企業の混成チームを想定している。技術評価を的確に行うには、設計に至るまでの解析結果や仕様を設定した背景を理解するとともに、試験や運用訓練での不具合処置を経験していることが求められる。

初期運用体制に向かってスタートしたので、運用準備の中で遅れている手順書の作成、要員の認定制度と訓練、訓練体制の整備、訓練シミュレータの整備などが、筆者の目の前の喫緊の重要課題となった。

日本は有人システムの運用経験が乏しく、NASAのいくつもの運用関連文書を読んでも、行間がなかなか理解できなかった。NASAとの技術調整も有人システムの運用経験がないために、NASAの言い方に振り回されている状態だった。また、運用担当のメンバーもアメリカ人と密に付き合った経験がなかった。

まず、多くのアメリカ人は、日本人と付き合ったことがなく、「決断に時間を要する。喜怒哀楽の表現、賛成、反対の意思表明がなく、反応が分かりにくい。仕事以外の話はあまりしない」と感じていて、コミュニケーションをとりにくいと思っている。

そこで、筆者はこれまでの経験を踏まえて、技術調整のやり方について、チーム員に次のように提案した。

①箇条書きにする。主張、議論すべき点、経緯、決めることは何か、それぞれの主張、相手の主張を

対比させ、対立点を明確にする

②論理展開の時には、具体例を入れて論理を補足し説得力のある裏付けを提示

③反論が予想される点について、説得力のある論理を、想定問答として用意

④英語のハンディーもあるから事前調整を行う「ネマワシ」を念入りにする

⑤打ち合わせで決まったことは、書面に書き、両者のサインをすること。多民族国家アメリカにおいて彼らが信じるのは、サインのある文書だということを忘れてはならない

ＩＳＳでは運用管制管を参加国が認定することになっていた。「きぼう」でも認定方法を決める必要があるのでＮＡＳＡのフライトディレクターチームに、ＩＳＳやシャトル運用管制官の認定をどうやっているのか、規定はないのかと問い合わせた。答えは、規定らしい規定はないが、次のようなプロセスで認定しているとのことだった。訓練とシミュレーションを何回も行い、不具合への対応をベテランの運用経験者が判断してゆく。デブリーフィングで運用管制官候補にだめ出しをして改善内容を伝える。また、別のシミュレーションをやって評価する。これの繰り返しで、評価者が本番でいけるかどうか判断できれば合格とする。

そこで、「きぼう」では、より日本人らしくきめ細かな評価項目を識別し、最終の評価者にＮＡＳＡのフライトディレクターを入れて当面試行することにした。最初は少し厳しすぎるきらいはあったが、何度もこの評価プロセスを繰り返すうちに、評価の加減がわかり安定しだした。

先にも説明したが、運用管制管の仕事は、ＮＡＳＡとリアルタイムでやりとりし、日本の管制担当に的確に指示を出す。会話はすべて英語。ＮＡＳＡの担当者は早口で、表現はくだけており、雑音も混じるので、瞬時に聞きとるのは難しい。訓練でも冷や汗や脂汗が絶えない。いきなり火災や空気漏れが起きた際にどう対処するのかを体で覚えてゆく。

そうしているうちに、「きぼう」の運用管制設備の開発がほぼ終わり、訓練に使える状態になった。それを受けて管制要員の養成が本格化し、運用管制設備とシミュレータをつないだシミュレーション訓練を繰り返し実施することになった。この時点では各管制官の配置での作業要領もまだまだ定まっておらず、訓練するほうも、されるほうも初心者であり、トラブル対応手順が準備できていない中、訓練を重ねながら手探りの状態であった。そこで運用管制官の訓練方法と認定基準を文書化した。そして、これに認定されることが皆が目指す目標となってきた。運用管制官の認定プロセスは確立し、フライトディレクターが続々誕生してきた。

ＩＳＳプログラムマネジャーの仕事

二〇〇七年七月一日、筆者はいつも通り筑波宇宙センターの一番奥、宇宙ステーション運用棟にあるオフィスに向かった。ＩＳＳのプロジェクトに配属されてから八年目にして「きぼう」の開発・運用、宇宙実験、「こうのとり」の開発・運用、事業推進管理などの複数のプロジェクトを束ねるＩＳ

Sプログラムマネジャーの辞令を受け取った。「きぼう」開発プロジェクトマネジャーも兼務であった。国際宇宙ステーションのスタッフの多くは、前任者によって配属された者たちだった。そして上司は、白木氏だった。

ISSプログラムマネージャの席に座った筆者に対する仲間たちの好意はうれしかった。スペースシャトル「コロンビア」事故やシャトルの退役、日本経済の減速のもとISSに多額の予算を投資する意味はどこにあるのかという批判がある中で、二〇年近くともに働いてきた仲間たちと連帯感が育まれていた。これまで打ち上げは逃げ水のようにいつも三年先だったが、プログラムマネジメントチームが、コロンビア事故後のシビアなISS組み立て計画の交渉で、「きぼう」組み立てシャトル三便の打ち上げを勝ち取った。

第一便は二〇〇八年三月、第二便は二〇〇八年六月、第三便は二〇〇九年七月。そして「こうのとり」の第一号は二〇〇九年九月と決まった。この工程で仕上げて飛ばすことが至上命題になった。このような状況の中で、「きぼう」プロジェクトマネジャーを兼務することとなったが、この時点ですでにメンバーとの一体感があったのは幸いだった。これは白木氏の配慮だった。

ISSのプログラムマネジャーになって最初にやったことは、チームメンバーとの話し合いの機会をできるだけ増やし、決めるべきことをメンバーの合意形成の上迅速に決めることだった。白木氏には構造・機構・流体といった機械系の複雑な技術問題や、人工衛星や宇宙船のようなシステムの問題点を解決するための経験と直感があった。筆者にはそのような才能はなかったが、大概の人とじっくり話して問題を理解し解決策を当事者と考え出す能力はあった。そのことをチームメンバーに告げて、こう言った。

「きぼう」打ち上げまでに時間が迫っている。課題はまだたくさん残っているので、決断を早くして先に進めたい。私にしてほしいことを、いつでもどんな形でもいいから話に来てほしい。私の役割は、ストッパーになっているものを除くことだ。

筆者を含めプログラムオフィスの連中は日に夜遅くまで働いたが、少しも苦にならなかった。

国際宇宙ステーション管理会議

国際宇宙ステーション管理会議（ＳＳＣＢ）と呼ばれるＩＳＳ運営の最高意思決定会議が数か月ごとに開催される。これは、ＮＡＳＡを議長とし、ＩＳＳに参加している五つの宇宙機関（米国、ロシア、欧州、カナダ、日本）のＩＳＳプログラムマネジャーが一同に会してＩＳＳ輸送貨物、宇宙飛行士、ロケットの打ち上げスケジュール、ＩＳＳ各モジュールの活動計画などを策定するトップレベル意思決定会議である。一九九〇年代のＩＳＳ開発期間においては、このＳＳＣＢでは多数決で議事を決める傾向にあったが、ゲスティンマイヤー氏がＩＳＳプログラムマネジャーになってからは、議事一件一件を丁寧に議論し、参加機関代表の各国プログラムマネジャーが順番に意見を言う機会が持たれ、その意見に対して議論をしてから議決する方式をとっていった。

この会議では、原則発言が許されるのは、会議メンバーとして指名されたプログラムマネジャーだけで、その補助説明をＪＡＸＡの専門家にゆだねることは許されているが、議論の反論、賛成とその根拠の説明などはプログラムマネジャーがしなければならない。そして、議決権限を持つのもプログラムマネジャーだけである。

こうした会議は緊張を強いられる。筆者がこの会議に参加した最初のころは、自分の発言がいつなのか、反論をすべき時にどう発言するかで、胸はドキドキ、神経はピリピリして二時間から三時間を過ごすことになった。議事は、遅くとも一週間前までにメールでＮＡＳＡから配布され、参加機関からの議事追加や議事変更と議論すべき内容の調整をプログラムマネジメントチームの参謀たちが行い、会議資料の準備と対処方針を作成する。その上で会議に臨むが、議論が想定を越えて展開される場合があり、頭が真っ白になったこともあった。会議を数回も経験してやり方が分かってくると、議論を呼びそうな議題については事前に担当チームからＮＡＳＡとの調整状況と対処方針を説明してもらい、準備を進めた。

ＩＳＳ五機関のプログラムマネジャーとは、頻繁にテレビ会議で話し、年に一、二回は一同に会して直接会議をするようになったので、次第に気心が通じ、会議の雰囲気が和やかになってきた。一方で、意思決定が国益を左右するかもしれないので、神経はいつも研ぎ澄まされていた。ＪＡＸＡの主張が議論の中で想定内の流れになり、うまくいったときは達成感があった。

この参謀を含めたチームは「きぼう」「こうのとり」などの打ち上げを何回も経験したおかげで、今ではロシアとの調整も次期国際有人宇宙計画の事務局として実力を発揮している。

「きぼう」打ち上げ

やがてＮＡＳＡとの「きぼう」のフライトに向けた準備も始まった。二〇〇七年に入ると「きぼう」打ち上げ一年前として動きが本格化、日本の第一世代のフライトディレクターを指名した。シャトルチームや宇宙飛行士も準備作業に入ると作業のスピードは一気に加速し、日本側はこのスピードについてゆくのに必死の状態だった。ＮＡＳＡとの調整役で、米国、欧州、ロシアの内部事情に通じていたベテラン駐在員は、当時、日本の置かれた厳しい状況を振り返ってこう語っていた。

これは国際協力のプログラム。お客様ではない。ＮＡＳＡとロシアはもう六年もＩＳＳを運用している。ロシアの宇宙ステーション「ミール」から勘定すると一〇年近くになる。ということは、ＮＡＳＡとロシアの間でルールを決めて運用している。汽車は全速力で走っている。そこへ、遅れてきた日本が入ってきた。だから、流れに沿っていくしかないのだ。

また、「きぼう」の主席フライトディレクターとなった東覚氏は、当時の状況を次のように語っている。

チーム員は、毎日が新しい挑戦と反省の連続で、神経をすり減らしながら打ち上げの準備をしていた。思考錯誤しながら訓練を実施し、反省し、改善し、また訓練を実施する繰り返しの過程を経ながら仕上げの最終段階に入って、ようやく管制要員とは何か、フライトディレクターとは何かが分かるようになってきていた。

そして、「きぼう」打ち上げに向けて、NASAの管制室と宇宙飛行士が入った訓練シミュレータと筑波運用管制室をむすぶ全体シミュレーションが行われた。このシミュレーションは非常にタフで、トラブルへの対処にNASAから筑波フライトディレクターとしての決断を何度もまくしたてられた。運用管制官たちは毎回疲労と落胆を味わいながら、皆で対策検討を繰り返して再チャレンジした。打ち上げの日時が決まって、今の仲間で考えられるベストな運用体制と運用シナリオで臨むしかないと決断した。

打ち上げが近づくにつれて、マスコミの取材が増え、新聞やテレビのニュースに自分たちの状況が出ることが多くなった。国のために直接貢献できるという自負が湧き上がってくる一方、責任の重さに神経質にならざるをえなかった。

二〇〇八年三月初旬、「きぼう」船内保管室はシャトルの荷物室に搭載され、最終組み立て段階に入っていた。最初の「きぼう」打ち上げで、NASAの最高幹部のお歴々、文部科学省の幹部、JAXA理事長と一緒にシャトル打ち上げ現場で機体の横に立ったときの感激を、いまでも忘れることができない。射場近くのフェンスごしに見上げたシャトル荷物室は白い荷物室ドアをしめていたが、あの中に我々が仕上げた船内保管室が組み込まれていて、まもなくシャトルで打ち上げ、ISSで組み立てが始まるのかと思うと、いよいよ本番が間近に迫ったことがひしひしと感じられ次第に緊張感が高まっていった。

二〇〇八年三月一一日、シャトルのエンジンが始動し、真夜中の雲の中にシャトルが駆け上がっていくのを、感慨深く見守っていた。土井宇宙飛行士が搭乗していた。

船内保管室に続いて、大物の船内実験室が、二〇〇八年五月三一日に打ち上げられた。筆者は、星出彰彦飛行士が組み立て作業を着実に行っている様子を筑波の「きぼう」運用管制室のモニター画面で見守っていた。

我々が長い間願っていた、地上四〇〇キロメートル上空で、ISSやシャトルのカメラのレンズを通して「きぼう」の船内実験室がシャトルの荷物室からISSのアームで引き上げられ「ノード2」の横に取り付けられるのを目のあたりにして、思わずつぶやいた。「これはCGじゃなく現実なんだ！」

「きぼう」軌道上組み立ての期間、想定外の事態がいくつか発生したが、試験や解析を散々経験してきた筒井史哉氏を中心とする「きぼう」技術チームの経験と熟練から来る慎重さ、用心深さが、危険を回避してくれていた。筒井氏は、システム全体に対しても、国際的かつ長期的視点でのしたたかな見通しと鋭い知性を持ち、用意周到さを兼ね備えていた。自分の耳と目を使っての理解ができる味わいのわかるマネジャーだった。

その筒井氏も冷や汗をかいたという船内実験室軌道上組み立ての経験について、次のように述懐している。

一つ目は、打ち上げと同時くらいに、NASA構造担当から「船内保管室を取り付ける予定の船内実験室の宇宙側の結合機構は、実験室の熱防護カバーと干渉しないか？」と問い合わせがありJAXAで確認を始めた。結合機構はNASAの開発機器、周辺のカバーは日本が製作したものであったが、NASAの担当は、船内実験室の宇宙側の写真をみて心配になった。「噛み込む可能性があるのでは？」

ラッチがカバーを噛み込むと、保管庫が実験室に結合ができない異常状態になり組み立て作業が大幅に遅れる可能性があった。

ＪＡＸＡでも確かに引っかかるおそれが大きいと思われ、「机上でもう少し詳しく評価をして……」との技術チームの意見もあったが、「船外活動で、カバーをラッチ動作に支障がないように処置する」方向で、処置の検討をし、ＮＡＳＡ側との調整を始めた。このときのＮＡＳＡ側の対応は素早く、ＪＡＸＡがやりたいことを説明すると、船外活動の手順案をいくつか用意し、たった一日の間に地上で試験しバックアップ手順を含めて実行可能な手順を準備完了させた。そして。シャトルがＩＳＳにドッキング後、船内保管室が設置されている場所で船外活動により宇宙飛行士が熱防護カバーの干渉箇所を押し込み、干渉をなくすようにしてくれたので、何事もなかったかのように実験室との結合はスムーズに行われた。このときは、リアルタイム運用での困難な事態を何度も切り抜けてきた人たちの底力を感じた。

二つ目は、宇宙飛行士が、船内実験室と「ノード２」間の冷却用ジャンパー配管を「ノード２」側に接続したときに、「ノード２」側のデータを見ていたＮＡＳＡ運用管制官が、「ジャンパーに水が入っていないかも」、と言い出した。その時、水配管系は「ノード２」の水圧力調整器に接続されており、その水位が急に低くなったのに気が付いたらしい。船内実験室の初期起動を直前に控えたＪＡＸＡでは皆、目がテンになった。水ポンプは特殊な機構をしており、水がないとポンプが過熱し壊れる可能性があった。

はて、このままジャンパー配管を船内実験室側につなげて初期起動を進めるべきか、いったん作業を止めてジャンパ配管を別のものを打ち上げて差し替えるか、どうすべきか、と想定外の事態にしばし時間が止まった。どんよりした雰囲気の中で、入っている空気量は最大どのくらいか、それがどう流れ込むか、などと技術評価を行い、リスクがないとは言い切れないが、ここで止めると以降のすべての作業が組み替えになり、「負け」ミッションにつながるという感覚だった。ここは、決断して、チーム員に説明しながら、自分自身も納得させて作業の「GO」を出した。幸いポンプは問題なく動き、配管から空気が抜けていくのがデータからもはっきり見えた。そして、順調に初期起動は進んだ。その後、NASAに調査を依頼したが、作業記録では配管ジャンパーに水は充填されていた。しかしながら運用記録のデータを見ると、明らかにジャンパーは空だった。

そして船内実験室が組み上がってから約一年後の二〇〇九年七月一五日、船外プラットフォームと船外実験装置がシャトルで打ち上げられ、「きぼう」に取り付けられて「きぼう」組み立てが完了した。このシャトルの打ち上げは当初六月に予定されていたが、シャトル外部タンクの水素ガスもれや天候不順で延期された。若田宇宙飛行士がロボットアーム操作や組み立て作業を担当した。

日本の有人宇宙技術の歴史は、米国の先進技術を学ぶところから始まった。当初は、NASAに技術者を派遣して訓練や実務を経験しながら有人宇宙開発の運営、運用方法の基礎を学び、米国から学んだ技術を咀嚼しながら、国内の技術に発展させていった。

ただ、すべて米国のノウハウに頼るのではなく、日本がすでに有している人工衛星の技術をベースに、プラント、鉄道、航空、船舶、原子力等の技術を有人宇宙開発に生かした。たとえば、「きぼう」の部品と材料は八〇％海外からの輸入品であるが、設計・製造・検査はすべて国内で行っていた。実務で磨いてきた開発経験が、その後の「きぼう」「こうのとり」などの日本のISS運営と運用・利用の大きな力となっている。

「きぼう」打ち上げ成功で新たなステージへ

「きぼう」の組み立てが終わり、運用と実験が本格的に始まった二〇一〇年秋に、ISSの開発技術が世界的に権威のある「月桂冠賞」(Laureate Award) に選ばれた。この賞は、米国の航空・宇宙専門誌『Aviation Week』が毎年、防衛、宇宙、ITなど宇宙航空分野の中から世界的に優れた成果を上げた事業を選んで表彰するもので、二〇一〇年の受賞者は、NASA、欧州宇宙機関、ロシア宇宙機関、カナダ宇宙機関、JAXA（筆者）のISSプログラムマネジャー五人であった。二〇〇八年には日本の月探査機「かぐや」の滝澤悦貞プロジェクトマネジャー、二〇一一年はボーイング七八七チームが選ばれている。ちなみに、一九九六年に、「きぼう」日本実験棟技術試験モデルの完成が最終ノミネートに残ったと堀川氏から聞いたことを思い出した。筆者は残念ながら仕事の都合でワシントンDCでの表彰式には出席できなかった。

また、これに前後してこれまでの「きぼう」の実績と技術的な実力を認めた動きが出てきた。二〇〇七年初頭（「きぼう」第一便が打ち上がる一年前）に、NASAからペイロード安全審査のパートナーへの権限委譲が提案された。「きぼう」の安全審査には、当初は設計審査とは独立に国内で実施し、その後、NASAの安全審査を行う二段階で行われていた。また、実験装置を扱うペイロード安全審査は、システムの安全審査とは別に行われている。これをJAXAのペイロード安全審査に一本化してISS全体で効率化しようというものであった。

しかし、NASAのペイロード安全審査は、ISS計画以前のシャトル時代から存在しており、毛利宇宙飛行士が初めてシャトルで宇宙実験を行って以来、日本もその厳しさを十分味わってきた。「本当にできるのか疑心暗鬼であった」と、S&MAチームでフランチャイズ化を推進した中村裕広氏は次のように当時を振りかえる。

当時の交渉相手はペイロード安全審査の議長で、「フランチャイズ化の条件としてNASAの体制のコピー版体制を作ってほしい」と強く言われた。これは無理で、JAXAは自分の組織に合わせた体制とするしか方法はなく、ＮＡＳＡとのギャップを埋めるのが大きな壁となって立ちはだかった。ＮＡＳＡの技術部隊は技術部門がペイロード安全審査もサポートする役目になっており、構造、機構、電力などの主要技術から電池やシール技術という個別技術までカバーする専門家で構成されている。これに対してＪＡＸＡは個別技術の審査は機能していたが、ＮＡＳＡとは組織構成が異なる。このため、船外活動、毒性、火工品などの分野は将来的にもＮＡＳＡの協力を得ることにし、その他の分野は、「きぼう」運用に関わる全体評価を行って実績ができた「きぼう」技術評価チームを審査に参加してもらうようにした。そして、二〇一〇年二月に、ＮＡＳＡのペイロード安全審査メンバーによるＪＡＸＡ審査体制の監査が行われ、標準化されたハザードについてはハザードの審査の権限フェーズ２（詳細設計終了に相当）までが委譲されることになった（現在ではフェーズ３、すなわち全ての権限が委譲されている）。

「きぼう」の開発と初期運用のプロジェクトマネジメントは大成功であったと言っていいだろう。「きぼう」の開発工程は長期にわたり、沢山の複雑な試験と解析、ＮＡＳＡを中心とする国際技術およびルールの交渉と、大規模な宇宙国際プロジェクトを体験できた。特に、実務を支えるチームが開発と運用、それに実験や技術実証の利用の実務経験を日々行いながら組織を固めていくことができたことは大きい。苦闘を豊富に経験したメンバーは他の部門に移動しても活躍している。要員養成の仕組みがそれなりにできたので、「きぼう」の定常段階から配属されたメンバーも活躍できる素地ができており、「きぼう」、「こうのとり」の運用、「次世代の有人宇宙システム開発」を支えている。

第八章　宇宙開発で求められる人材

JAXAの仕事

ＩＳＳ計画参加当初、日本には有人宇宙船の開発・運用の経験がなかったので、アメリカやロシア等のプロジェクトの進め方に非常に戸惑った。しかし、設計・製造・試験を国内で実施し技術の難題を克服し、「きぼう」日本実験棟は軌道上で運用されている。また、運営面でも文化や仕事の進め方が異なる国々をまとめていくノウハウを獲得してきている。この章では、この大規模国際プロジェクトのマネジメントのノウハウについて焦点を当て、宇宙開発ではどのような個人が求められるか、その人材育成をどうやってきたかについて説明しよう。

企業では未経験の先端技術への取り組みは、開発リスクが大きいため、ＪＡＸＡ（宇宙航空研究開発機構）は、国の宇宙政策を実施する機関として企業と共同で仕事を進め、実運用に供する宇宙システムを完成させて、世の中に引き渡してゆく。そのため、分野の異なる複数の企業と調整して要求分析、仕様設定、製造・検査、システム試験、打ち上げ、運用等の全体インテグレーションを進めてゆく必要がある。宇宙システムとは、電力、通信、データ伝送、制御、推進、機構、実験装置等のサブシステムを複合させたものであり、個別技術分野を束ねたシステムの技術である。ＪＡＸＡの職員は、宇宙実験や宇宙実証を目的とする宇宙システムの開発を担当するので、システム全体を掌握していることが必要になる。

ＪＡＸＡの仕事はプロジェクトエンジニアリングである。ミッションを達成するために必要なシステム設計をする。そして、宇宙船やその運用システムの開発は、製造企業や運用企業と契約して仕事を進め、実際の運用はＪＡＸＡが行う。

ＩＳＳ計画においてＮＡＳＡは、日本、欧州、ロシア等を含めて全体の安全と開発と運用のとりまとめの責任を負っている。ＪＡＸＡは、日本実験棟「きぼう」、ＩＳＳ補給機「こうのとり」の開発・運用、および「きぼう」での生命科学、物質材料等の宇宙実験を行うように組織構成されている。

「きぼう」の開発・運用では、国内企業約六五〇社が参加し、国内の大学・研究所を総動員して先端技術を結集させた大型の宇宙システムである。この業務を推進してゆくには、全体を掌握するシステム技術力と企業群を統括してゆくマネジメント力が必須となった。

ＩＳＳプロジェクトでの人材要求

筆者が配属された国際宇宙ステーショングループはＮＡＳＡとがっちり組み、逃げられない交渉を学んだ場所だった。ＩＳＳが宇宙開発でもっとも厳しい技術要求を課している。それはＩＳＳが人間を搭乗させる有人宇宙船だからである。しかもこの計画は、NASAでさえ三か月以上滞在可能な有人宇宙施設は開発も運用もしたことがないという野心的な国際共同プロジェクトだった。このグループへの配属は自分から希望していたが、こうした状況の下で日本、欧州、カナダ、ロシアという文化も技術レベルも違う国家を米国が仕切っていくのを渦中で体験できたのは幸運だった。自分の能力をフルに引き出してくれる修行の場になった。それは、幕末の若者が身分や出身にこだわらないで結集し、遠慮なくぶつかり合いながら新しい歴史を切り開いていった雰囲気に似ているように感じた。

日本が経験したことのない人間を搭乗させる宇宙実験室、日本人だけでなく米国人、欧州の人々やカナダの人もそこで仕事をする国際的事業に自分がいる。「きぼう」の開発を通して実務体験し、本当の現場を知り、誰のせいにもできない「責任」の本質を学びたかった。

計画が進むにつれて、人間の厚み、幅、発想力が磨かれチームの仕事術も上昇し、国際的なレベルになってきた。宇宙開発を進めていくには、グローバルに仕事を進めていく必要があり、世界の人と自由に仕事ができる人材が沢山必要になる。若いうちにこのような国際感覚を身に付ける人材教育が大切であると思った。

ISSのようにプロジェクトを開始してから打ち上げまで、二〇年以上、さらに宇宙での運用を一〇年以上行っていく超長期のプロジェクトでは、設計思想を知っていて、システム技術のノウハウを持った人材が定常運用時には退職をしている事態が生じる。日本だけではなく、NASAも、ロシアも、欧州も状況は似ている。一時期、ロシアやアメリカでロケットの事故が連続した時期があったが、事故の背景にベテランの技術者が退職して若い人への技術継承がうまくいっていないことがあげられている。

設計・開発当初は、直接顔を合わせて先輩から後輩へ技術や感覚を承継できるが、運用が始まると、設計・開発部隊が減っていき、マニュアルや設計文書での承継で済ませる状況になっていく。

ＩＳＳでは、仕様書、図面や手順書では説明しきれない技術、つまり、人のノウハウを伝承することに力点を置き、マニュアルより現場で働きながら上司や先輩に教えられて仕事を覚えるＯＪＴを重視している。筆者の体験からグローバルな人材になれる人はその適性がある人だが、そういう人材は組織の中でも数が少ない。しかし、潜在能力のある人材はたくさんいるので、いかに、その人の適性を見極め、ＯＪＴで鍛えて選別した上、現場で鍛錬をしていくかが人材育成のポイントとなる。

プロジェクトエンジニアと専門エンジニア

有人宇宙船は人間が搭乗するため厳しい安全要求が課せられており、それを実現するためには高い技術力と、高い信頼性が必要である。それを担う人材には専門的な知識と経験、それに英語での国際交渉が必要になる。加えて、宇宙開発は、規模の大きい複雑なシステムを扱う技術開発プロジェクトであり、専門分野の境界を越えたシステムエンジニアリングの能力と広い分野の多くの企業や団体をまとめていくマネジメント能力が必要である。これは、個別技術の専門家とは違うシステムをまとめる専門能力であり、さらに、資金、組織、リスク管理等のマネジメントを扱う専門能力である。

ＪＡＸＡの技術要員は、主にプロジェクトエンジニアと専門エンジニアである。プロジェクトエンジニアは、常に新しい仕事が与えられるので、自分の知らない課題でも積極的に取り組むことが求められる。

新しいプロジェクトにアサイン（配属）されたら、まずはじめに仕事の全体像を把握するように努める。最初からすべてを理解できないので、フットワークよく、社内のあちこちを歩き回り、積極的に情報を集め、意見を交わし、相手の話を聞いて、その課題の本質を速やかに理解し、課題の解決のために関係者とまめに打ち合わせ、文書にまとめ、チームメンバーにさらし、議論しながら仕上げる。宇宙開発の仕事は、一人でやる仕事ではなく、チームでやる仕事なので、人と人とのコミュニケーションで意思疎通を図っていくことが必要である。

マネジメント能力

マネジメント能力とは、一言で言えば仕事を進める能力のことで、「計画立案・課題設定」、「現状把握・業務指示」、「リーダーシップとフォロアーシップ」の三つの能力に分けられる。

一つ目は、計画立案・課題設定。全体の状況を包括的に理解し、既存のやり方や過去の成功体験にとらわれることなく、柔軟な発想で企画立案し、それをチームの具体的な課題や業務計画に落とし込んで優先順位づけを行うことである。大局的な観点から細かな課題に集中せず、問題の本質をつかむようにする。優先順位を決めて作業をし、その結果を見て方向修正する。関係する人が正確な仕事ができるような文書を作成する。プロジェクトマネジャーの、日常業務はおよそ以下のようなものである。

①専門分野のエンジニアと実験装置担当、安全担当と会合し課題をつめ報告を作成しプロジェクト関係者に配布
②この情報に基づき、複数のメーカーが作業できるように指示文書を作成する
③関係者を集めて問題点を出し合い、合意できるところまでまとめコンセンサスを得る
④メーカーの専門エンジニアと会議し内容を確認する
⑤発信する情報を正確に把握するためには、フットワークよく関係者に聞いて回る

計画立案の具体例として、段取りが重要な宇宙飛行士と運用管制官の実地訓練であるシミュレーションの例を説明する。「きぼう」「こうのとり」の運用管制官は、実運用中の不具合に対して迅速に誤りなく対応できるように実運用を模擬したシミュレーションを行う。シミュレーション中に、コンピュータがダウンする、空気がもれる、火災が発生するといったようなさまざまな不具合を訓練チームが仕掛ける。シミュレーションは実運用と同じ真剣勝負である。そして、終了後直ちに、「デブ

リーフィング」と呼ばれる反省会が行われる。

デブリーフィングには、ミッションマネジャー、ベテランの運用管制官、地上システム担当、訓練チーム、ミッション計画担当等が参加して、ミッションでの計画、手順やルール、チーム間のコミュニケーション、シミュレーションのやり方の問題点を洗い出す。専門家は、訓練中にびっしりコメントが書かれた手順書を持って待ち構えている。一人一人にインタビューするのではなく、複数の被験者が一同に介して話をしてもらう。被験者の運用管制官の実力がミッションにかなっているか、チーム間のコミュニケーションがうまくできているかを専門家が点検し、だめ出しをする。

デブリーフィングには、被験者から話を聞き出すことができる技術的な知識、全体の理解、および相手の琴線にふれるコミュニケーション能力が必要である。相手が聞き手の意図を正確に把握できているか、質問の背景が理解できているかを、話のキャッチボールをしながら聞き取りの方向を修正していく。聞き取りの場の設定も工夫がいる。デブリーフィングを仕切れる人は、システム屋である。

次の文は、NASAから改善を求められた「きぼう」打ち上げ準備が始まったころのデブリーフィングメモである。

主な全般的な指摘は以下の通りである。

①「きぼう」マネジメントを含めた目的設定とゴールが曖昧

②シミュレーションは、運用管制官の技術向上と運用体制の整備だけを目的としているわけではない。運用システムや訓練システムの機能不備や、チームワークの未熟さ、運用手順書の内容評価等があり、これらの問題点や達成度を正当に評価できる体制がいるが、全体を掌握しリードしていく人がいて、これにより計画立案・監督していく体制ができていない

③シミュレーション参加者は、目標をクリアしていくことが求められ、前回までの、何が悪くて問題が起きたのか分析をして準備万端で臨むべきなのに準備不足で参加している

これらの指摘は、シミュレーションのスコープ（範囲）設定、段取り設定、品質管理、組織とコミュニケーション、および、個人の予習と復習等に関わるものであり、これらを改善させるため新しい体制としてシミュレーション統括チームを整備し、シミュレーションの段取りを設定し進めることにした。現在では、「きぼう」「こうのとり」の訓練方法、訓練体制は、ＮＡＳＡからもロシア等から絶賛される高いレベルになっている。

二つ目の能力は、現状把握・業務指示である。プロジェクトマネジャーはプロジェクトの現状を正確に把握するため、電子メールやテレビ会議だけでなく、フェイス・トゥ・フェイスの打ち合わせを定期的に行うようにし、担当現場に強い人脈を持つようにする。相手との距離を段階的に縮めるように、目、顔、表情、握手などから場の空気を読める力が、プロジェクトマネジャーには必須である。

業務進捗を正確に把握するため、国内の現場、米国、ロシア、欧州の工場や宇宙センター等の現場に足を運び、直接自分の目で見て、話を聞き、現実を見てその先を読むように行動する。

ある時、若い職員をＮＡＳＡとの技術調整に行かせたことがある。議事録を交わしたまでは良かったが、いつまでに何をするかを取り決めたアクションアイテムの期限が来ても、なしのつぶてだった。そこで電子メールを送って回答の催促をするように指示したが、一週間たっても返事がない。駐在員に頼み相手と連絡をとった結果、「この担当者は、この問題のアクションができる権限を持った相手ではない。仕事のやり方を上司と相談しないし、物事を抱えるタイプの人だ」との答えがあった。ＮＡＳＡ上層部と相談してもらった結果、直属のマネジャーをこの作業に巻き込むことになった。その後、作業を加速できるようになった。

こうした事態はしばしば起きる。一九九五年から九六年頃まで、ＮＡＳＡとの調整はどうやればいいのか、よく分っていなかった。ＮＡＳＡに派遣した駐在員や、「きぼう」開発プロジェクトに異動してきた駐在員経験者がこのことに気が付き、交渉分野毎にＮＡＳＡの相手が、どんな立場でどんな権限を持っているのかを担当者に知らせるようになった。

業務指示は、指示を行う背景とゴールをメンバーと共有した上で行うことが重要である。小さな組織でも、大きな組織でも、新たに仕事を始めるときには、その仕事がどういう意味を持つのか、何のためにこの仕事をするのかをチーム員に徹底的に分かってもらわないといけない。そして、コミュニケーションの取りやすい環境をつくり、メンバーの仕事や改善提案に耳を傾け、的確な指示をする。相手の話は最後まで聞く。十分に相手の主張を確認し、その場で最善の選択を工夫していくことが鍵である。

上司は、特に用がなくても、チーム員には時々声掛けをする。何か悩みごとや自分一人では解決出来ないことを、自分からは上司に相談しないものである。

上司の会話をわざと聞かせ、世の中の動きを察知させると共に、今の自分の立場より一段高い立場に立ったつもりで発想させて、大所高所からの発想を身に着けさせることも大事である。必要以上に緊張していては良い仕事が出来ないので、適度な笑いの渦を巻き起こし、和気藹々とした職場にするよう工夫する。明るく、働き易い職場は、一人一人のチーム員のちょっとした努力の寄せ集めで作られるものだという意識をチーム内に広める。

そして、褒めて育てる。何時もがみがみ言っていてはいけない。自信と意欲を与えるように接すると共に、熱を込めて語ることを広げる。難しい課題については手取り足取り答えを教えるようにするが、少し難しい課題については一人で解決策を考えさせて、自主性を養わせる。普段何気なく使っている設計基準の根拠は何処から来ているのかを考えさせるといった工夫である。

最後は、リーダーシップとフォロアーシップである。リーダーシップは、メンバーが決めた目標にたどりつくのを助ける能力で、フォロワーシップは、他人の言うことをよく受け止める能力である。ミッションの成功は、リーダーシップとフォロワーシップの両方を持っていなければならない。

宇宙開発において環境は常に変化していくものであり、思わぬことが起きるのは当然である。リーダーの仕事は、メンバーの能力を見極めて、メンバーが自由に意見を言える雰囲気をつくり、状況判断のための情報と手段を結集できる能力である。チームでとことん話し合い納得した結論に沿って動くと、一人一人に責任が生まれて一体感が出てくる。

また、リーダーシップは、強いフォロワーシップなくしては生まれない。ＩＳＳ建設の前にＮＡＳＡはロシアとの「シャトル―ミール」ミッションを実施した。ＮＡＳＡの宇宙飛行士をロシアの宇宙ステーション「ミール」で、数か月の滞在経験をさせたところ、宇宙からの帰還後、精神的なバランスがくずれたＮＡＳＡの飛行士がいた。シャトルでは、英語でリーダーシップをとっていたアメリカ人が、「ミール」では、ロシア人の船長の指揮下で、ロシア語とロシアの文化の中で仕事をしていかなければならなかったことが原因だった。これをきっかけにＮＡＳＡはフォロワーシップの重要性を認識して訓練コースに入れることにした。国籍の違う宇宙飛行士が、長期間一緒に暮らすＩＳＳでは、相手に敬意を払いミッションを達成させられるかの能力を修得する必要がある。リーダーは、重要度に基づいて適切な判断をタイムリーに下し、問題解決を早くやることが大事である。

専門能力

では、プロジェクトを推進できる「専門能力」とはどんなものだろうか？

一言で言えば、担当分野において周囲から信頼される専門性を有し、日々研鑽し、メンバーに対して的確なアドバイスをできることである。

「きぼう」の開発担当者が当事の経験を次のように語っている。

プロジェクトには、プロジェクトエンジニアが必要ですが、育てるのがなかなか難しい。「きぼう」開発プロジェクトでも少数でした。プロジェクトエンジニアの一側面としてのシステムエンジニアは、非常に不足していました。

システムエンジニアは、結局「最適化」をエンジニアリングするもので、評価関数は場面により異なるし、入力となる変数もそのときそのときで変わってきます。分からないことはあっても仕方がないが、「どうせ聞いても分からない」と思ってはいけません。すべての情報に興味を持ち、できる限り情報を仕入れて、自分で噛み砕き、自分のものにする。すべての人の意見も意向も十分聞かなければなりません。そして将来の予測しながら選択肢を評価します。結論を一つに絞る必要はありません。そして、システムエンジニアリングを行うため、まず第一に必要とされるのは、「設計の信頼性」です。

「人」が行う設計の検証として、試験では不足している部分の解析評価を行う必要があるが、誤りを見つけるためには、設計に関与していない技術者がレビューするか、別の解析により確認をするのです。

不足している部分とは、試験条件が、地上では宇宙環境を再現できないこと、あるいは、限られた数の試験では、環境の幅や製造のばらつきによる影響を確認できないので、設計として確立したことにならないのです。

設計基準に入っていない細かな設計項目は沢山あり、個々のプロジェクトで技術仕様を設定している場合があるため、設計としての確実性は疑わしい場合があります。たとえば、バルブを作る際、シール材料選定と製造プロセスは適切か、部品の公差配分によってはシールが機能しないケースはないか、二重シールは必要か、本当に機能するか、動作寿命をどう評価するかなどです。

人脈ネットワーク能力

プロジェクト遂行は、人間関係の調整が主たる仕事になる。普段から関係者との付き合いをよくしておき、人脈を作っておくことが重要である。人脈のメンテナンスを怠ると、義理を欠き、人脈を失う。プロジェクトエンジニアは、立場の違う人間の調整役であるので、他人の気持ちを理解できない人は物事は進めるのが大変になる。

仕事を円滑に行うためには、人間の魅力がいる。大事なときに対応してもらえるように、歓迎会や懇親会等に積極的に参加して、動き回り、見知らぬ人とも話をする努力がいる。人脈をいかに活用できるかというところが、プロジェクトマネジメントの醍醐味の一つである。

宇宙の仕事は、チーム力が問われる。そのためには、メンバーの個性や得手不得手をよく知り合わなければならない。幸い日本人は、子供の頃から調和を大切にするように教育されているので、フォロワーシップは身についている人が多いが、宇宙活動は、チーム全体としてお互いの不足分を補い合わなければならないので、リーダーシップを発揮することが必要な場合がある。日本人は、自分の能力が足りないことを恥じる一方で、時には実力以上の能力があるように見せる場合があり、注意が必要である。「この場面では、この人はこの能力までだ」と、チームメンバーがお互いのことを知っておくことが必要である。

以上、宇宙開発の現場において個人の仕事に必要な要件を述べた。まとめると、「専門性を持ち」、「チームワークを尊重し信頼感を持って」、日常の仕事をうまく進めていくということになるだろうか。そのポイントは、「仕事を早く」、「仕事を正確に」こなすことである。

仕事を早く仕事を正確にこなす

割り当てられた仕事をこなしていれば、目的を達する時代は終わった。世の中の環境は急速に変化しているので、先を見越して仕事をしていかなければならない。重要なのは、全体最適、オープン化、スピードである。宇宙開発プロジェクトは、制限時間の中で、目標を達成するための臨時組織による活動である。プロジェクト化する重要な理由の一つに、情報の共有化と意思決定のすばやさがある。仕事が遅いと失敗への道を歩む可能性がある。

昔、「きぼう」プロジェクトの中に、隣の人と電子メールで会話をしている人がいた。開発課題に関して電子メールで意見交換と解決策のアイデア探しをしていたが、日ましに議論が輻輳して話がかみ合わなかったり、違った課題へ飛んでそれを議論している人たちが現れる状態だった。

筆者が知ったのは、電子メールをそっと転送してくれた人がいたからだった。「集まって二時間も話せば議論が集約できるし、時間も節約できるよ」と、転送してくれた方にそっと話をしたところ、後日、メールで連絡があった。「会合をセットしたら、かなり人数が集まり、ホワイトボードを使って議論を集約したら、みなすごくいい時間だった『集まったほうが、多数の意見を聞けるし、いいアイデアもわいた。早くそうすればよかった』と言ってました」

後日、ＮＡＳＡの運用本部のマネジャーにこの話をしたところ、「ＮＡＳＡでもそうなのよ。言葉で会話するのが、苦手な若い人が増えてきたの。もともと、アメリカのオフィスは、個人毎にパーティションで区切られ、多数で会話をするのには、やりにくい環境なんだけど、小さなテーブルをパーティションの間においていたら、小さな打ち合わせをやり始めたわよ」とアドバイスをくれた。そこで、「きぼう」プロジェクトには、いくつか、小さな打ち合わせテーブルを置くことにしたら、少しずつ会話をするようになってきた。

そういう経緯もあり、メンバーには、「隣の人とメールで会話していないで、コーヒーを持って、他のグループや隣のビルに行きなさい。人間は生身なので、会話がないと心がすさび、他人にやさしくなれないよ」と伝えることにした。

もう一つ、企業とのやり取りのケース。企業の人に電子メールで要件を送って作業を依頼しているJAXAの若い人がいた。回答期限になっても回答がこない。支障が出始めたのに気づいた彼の先輩が、「あの件どうなった?」と尋ねたら、かれは、「メールで要件を伝えたのですが、回答がないんですよ」との返事。「催促したのか?」「メールで催促したんですが、返事がないんです」「電話したのか?」「してません」「メールを送ったあとで電話して、着信確認の意味と、要件を口頭で補足すると、依頼の背景が伝わるだろう」「相手にメールは本当に届いているのか?」「……」

内容の正確さとち密さより、スピードを優先して仕事を進めることが大切である。いい加減ではいけないが、仕事を先に進めることができる程度の内容がメッセージに入っていれば十分。自分で完璧になるまで抱えていて、作業が遅くなっては意味がない。まさしく「Quick is beautiful!」なのである。

宇宙飛行士にとって、コミュニケーション能力は最も重要な能力と言える。チームで仕事をする能力で大切なのは、コミュニケーションの能力で、これは訓練や経験によってある程度習得できる。

宇宙船のロボットアームの操作や船外活動、宇宙実験の手順作りやマニュアルづくり、安全審査のような会議が沢山ある。そのような会議が、運用管制官や設計者たちとコミュニケーションをとる重要な場になっているので、宇宙飛行士たちがこれらの会議に積極的に参加して議論することにより、宇宙飛行士と地上スタッフ全体のコミュニケーションが高められていく。

コミュニケーションは限られた時間の中で作業を行っていくための手段だから、「簡潔に、明瞭に」がポイントである。つまり、センテンスを短く、大事なことのみ話す。会話の流れにのっていくと相手が次々と聞き出してくれるので、一気にいろいろな事を話さないほうが相手も理解しやすい。イエスとノーを真っ先に答え、その後核心部分を話す。背景や経緯は最後にする。明るい表情とはっきりしたセンテンスで話す。ぼそぼそ話さない。また、コミュニケーションは、言葉だけでなく、相手の態度、声色、表情等さまざまな角度で相手との密接度を図っている。普段のコミュニケーションのツールには、メール、電話、手紙等があるが、混み入った内容なら会って話すか、無理なら電話を使うのがいい。

システム全体を掌握しながら、自分の担当に責任を持つ

船内の装置を冷却した水はＮＡＳＡの接続モジュールの熱交換器を通じ船外の大型放熱パネルへ移送される。「きぼう」の冷却系統は、欧州の実験施設の系統とインタフェースを持っているので、熱・環境制御管制官はＩＳＳ本体の技術内容を深いレベルまで知っていなければならない。単なる知識ではトラブル時の運用調整ができない。さらに、「きぼう」の熱・環境制御システムに必要な電力や通信も「きぼう」だけで独立していないので、ＩＳＳ本体の知識が必要である。ＩＳＳは参加機関が機能を分担して開発し、宇宙で互いに利用しあう仕組みなので、ＮＡＳＡや欧州やロシアの電力・コンピュータネットワーク、空気の通路、排熱の系統を知らないと生活や実験ができない。水道もガスの設備もあり、それを適切に使うための流体力学の知識も技術も必要である。さらに、ＩＳＳのシステムの修理とさまざまな科学実験があるので、技術的な専門知識と科学の知識を備えていることが重要になる。

このように、運用管制官は自分の専門以外の分野にも柔軟に対応できる能力を有することが求められる。これに付随して新しい業務を迅速に処理する能力や、新たな環境下や周囲環境が刻刻と変化する状況下でも冷静に自分の能力を発揮できる適応力や柔軟性が求められる。

ＩＳＳでは、実運用に配置される管制官を、その資格別に認定することが要求された。「きぼう」ではＪＡＸＡが認定するが、合同訓練を通じてＮＡＳＡもチェックをする。「きぼう」の打ち上げ二

年くらい前から準備にかかり、ＮＡＳＡと密に内容をつめて筑波宇宙センターとヒューストンで訓練を開始したが、当初予想していた英会話能力の問題より、トラブル対応技術が最後まで課題になった。このことは、日米運用合同訓練で重要な課題になり、ＮＡＳＡから厳しい改善要請が出た。訓練の大部分は、トラブルを想定して何回も行われる。特に、安全に対する訓練は時間との戦いなので、身体で反射的に何をしなければならないかを覚えなければならない。

合同訓練が始まる前は、みんな緊張しているが、熟知しているトラブル発生では、管制官チームは意気揚々とこなす。しかし、予想していないトラブルが発生すると厳しい表情になり語気が厳しくなり、助けあっていくチームとそうでないチームが出てくる。頭が真っ白になっている管制官もいて、八〜一〇時間に及ぶ日米真剣勝負が終わるまでみんな緊張感でピーンと張った空気が支配する。この訓練は、管制官の技術レベル、日米連絡ルール、マニュアル等のチェックが目的だが、人間の性格や仕事のしかた等のパーソナリティがさらけ出されるので、管制官の認定プロセスとして最高の場になっている。「きぼう」の打ち上げ・組立て本番では、トラブルもあったが、迅速に正確に対応できたので、「きぼう」の打ち上げは大成功だった。訓練のほうが実際よりはるかに厳しかったのは言うまでもない。現在も難しい課題を乗り越えて一人前になるこの方法で管制官を養成している。

考えられることは全て試し、確認する

ＮＡＳＡのウィリアム・ゲスティンマイヤー有人探査運用局長は、優れた仕事をする能力を持っている仕事人として宇宙先進国の中で有名である。仕事でお付き合いするようになったのは、彼がＩＳＳプログラムマネジャーになってからであるが、二〇〇三年のコロンビア事故の際、米国政府からのシャトル退役指示に対するＩＳＳの組み立て順番変更や、ＩＳＳクルー輸送と物資輸送に対するロシアとの協議、および米国議会への説明等の危機管理に臨んでのリスクマネジメント能力の高さに驚嘆した。

第七章でも触れたが、ＩＳＳに参加する五つの宇宙機関（米国、ロシア、欧州、カナダ、日本）のトップレベル意思決定の会議として国際宇宙ステーション管理会議がある。一九九〇年代でのこの会議は、多数決で議事を進める傾向があったが、彼がＩＳＳプログラムマネジャーになってからは、ＮＡＳＡがリード役であることは変わりがないが、議事を進めるときに一件一件、参加機関代表に順番に発言を振り分けて、意見に対して議論をしてから議決していく方法をとっていった。このときに彼は、論理的な議論に徹し、議事が日本や欧州に関わるものであれば、関係する代表に話しをふり発言させ議論をする。議論が収束しないときには、アクションアイテムとして設定し、期日を切って次回に決議を送る。決して中央突破はしない。ロシアを含めて他の参加者全員が、彼にリードされることに納得していくようになった。また、不具合における処置について、技術的に納得できるまで承認を

しない。根本原因を探り、技術的根拠（rationale）が成立するまでアクションを設定し、打ち上げの延期もした。

しかし、処置内容が完璧でなくても、また本来の目的である「安全」や「任務遂行」を予定していた機器でなくても、代替手段により保証できるならば、それでよしとする技術判断（Engineering Judge）を行う。時間や人手が限られている時に、最も優先すべきは、人命に関わる確認作業である。安全性に影響しない部分まで、すべてにわたって確認を徹底するのは現実に難しいからである。

どんなに議事案件が多くても常にこの方法をとるし、明るいキャラクターで、いつも冷静、忍耐力は抜群で、技術的にも論理的に理解する高い技術力により、ゲスティンマイヤー局長はロシアを含めて参加機関の誰からも好かれている。

ミーティング等での不明点はその場で確認する

宇宙開発では、未知の仕事に緊張した状況で挑む局面が多い。そのような場合に大事なのは、分からないことをそのままにして作業を進めないことである。冷静に不明点を洗い出し、臆せず焦らず質問を重ね、確実に作業を進めることが重要である。

毛利宇宙飛行士がスペースシャトルで宇宙実験したプロジェクトは一九九二年だった。筆者が宇宙ステーション本部に配属され、ＮＡＳＡとの打ち合わせでアラバマ州のマーシャル宇宙飛行センターに行った時にちょうど打ち上げ前の実験チームと宇宙飛行士を入れてのリハーサルを見ることになった。その時、NASAのマネジャーが私に、こんなことを教えてくれた。

「毛利宇宙飛行士の作業を支援する地上の日本人の交信の仕方は、NASAのメンバーにも評判がいいよ。地上と宇宙との交信の際、送られたメッセージを直ちに了解とは言わず、別の言い方で内容を再確認している。それで、やり取りされるメッセージの曖昧なところが排除され、ほぼ完璧にチームメンバー全員が正確な内容の把握ができている」

日本人は、特に会議などの場で質問や確認をすることに苦手意識を持つ人が多い。一九八九年、JAXAの宇宙ステーショングループに配属になって初めてNASAとの大きな技術調整会に出席したときのこと。NASA側は四〇人くらいで、日本は企業の方を入れて三〇人くらいの会議だった。びっくりしたのは、プレゼンテーションの質疑応答の場面である。なぜか質疑応答になると日本側は一人か二人しか発言していない。英語が分からないのか、それとも話の内容が理解できていないのかふしぎな情景だと感じた。後から教えてもらったところ、英語は分かるが、話の内容を理解できる人が少人数しかいないのと、質問や議論を行うにしても、どういう議論の仕方をしてよいか分からない。国際経験がないので、格好悪くないように黙っているのが無難だと思ったという。

NASA、ボーイングやロッキードなどの米国宇宙企業、欧州宇宙機関やその支援企業等の欧米人は、説明の途中でもどんどん質問して討議に加わり、自分の意見を入れていく。たとえそれが本質から外れている場合でも、自分の意見を言って議論の方向性を自分に有利にするために躊躇しない。

こうした会議で発言を躊躇したことが大きな問題になったことがあった。一九九〇年から「きぼう」の技術調整会に出席することになったが、最初は五〇人から八〇人もいるワーキンググループに先輩と出席した。宇宙ステーション搭載ソフトウェアの管理についての会議だったが、欧州のソフトウェアマネジャーがNASAから被った事例をいくつも挙げ、言葉を替えながら何回もまくしたてた。上位文書であるNASAとのインタフェース管理文書に不備があり、そのつけを欧州に回していることを、具体例を挙げ、ちくちくとNASAを責める。英語がよどみなく出るが、NASAの議長は冷静におかしなところを指摘し、NASAとしては管理責任としてゆずれないところは論理的に説明して拒否している。このやりとりは二時間以上続いた。

時々、日本はどうか、被害はないのか等が振られた。この会議は国際共同管理文書制定での意見調整だったが、内容もよく分からなかったのと、英語の議論に乗れなかったので、わずかしか発言できなかった。月日が経ち文書制定の段階で内容の修正の要求を出したら「あの会議で何も言わなかったじゃないか。JAXAは当然、内容に賛成と受け止めたのに、何をいまさら修正要求をするのだ」と険悪な雰囲気になった。ベテランの駐在員が間を取り持ってくれたので事なきを得たが、その折、彼は次のようなアドバイスをくれた。

「会議で黙っていてはだめ！　コメントや意見を求められたときは、必ず一言は発言すること。さもないと、相手の意見に合意したと捉えられる。自己主張することによって個人の存在をアピールし権利を獲得する欧米社会では、何も発言せずに会議に参加している人は、存在しないと同じです」

しかし、自分の主張をその会議で言わないで、後で担当者に言えばいいや、と発言を控える人がいる。筆者も最初はその一人だった。沢山場数を踏み、かつ失敗をして反省をすることにより、いまや英語のまずさは置いておいて、英語で臆せずに質問も主張もできるようになった。そのきっかけとなったのは、ＮＡＳＡで働いているベトナム難民のハンさんが、アジア人のよしみでしてくれたアドバイスである。

「日本人よ、立ちあがってものを言うべし！」

連絡も記録も重要なことはすべて「書く」

メーカーに依頼するシステムの開発を成功させるには、発注する側の意図と具体的要求を十分に伝えなければならない。つまり、業務のゴールをメーカーと共有した上で仕事を進めることが鍵になる。これはプロジェクトエンジニアが深く意識すべきテーマである。まず、技術仕様と調達仕様を明確にすること。この仕様書が明確であればあるほど、システム開発のリスクは下がりコストが安くなる。

ＮＡＳＡは変化する組織である。上層部が変われば下々も変わる。個性を尊重し、人間関係により状況は変更されるので、過去の踏襲を好まない。人事異動で担当が替わると、過去の合意やそこに至る経緯が反故にされることがあった。後任者への引継ぎは長くても数日、引継ぎをしない場合もあり、後任者と調整の続きをするときにいきさつから説明する羽目になった。いらいらしたり不満をＮＡＳＡにぶつけたりしたが、彼らのやり方が分かってから次のような対応策を立てた。調整をするたびに議事録をこまめに作成し、一枚紙にマネジャーのサインをとったり、電子メールや電話でのやり取りを技術資料化して残す。これらは、合意に至る重要なエビデンスになり、その後の交渉上大いに役に立った。

また、作業をマニュアル化する作業は、ミッション成功につながり、また技術を伝承するのに大いに役立っている。宇宙開発のような巨大プロジェクトを実施する場合、専門分野が多岐にわたり、規模も大きくなるため、開発業務は多数の専門企業も参加して行われることになる。企業が要求を、製造設計し、図面を引き、プログラム開発等を行う。ＪＡＸＡは、製品の設計や製造での詳細なノウハウを知っているわけではない。完成された製品であっても、設計や製造の過程において試験や検査で弱点や問題点が発生しているので、これらはかなりの部分が製造企業の中で蓄積される。アポロ一三号事故のような緊急事態が発生した場合に、製造企業の協力なしに危機を回避するのは難しい。このため、マニュアルにノウハウを残す工夫をしている。マニュアルは図や写真を入れ、誤りがあるとすればどこで起きそうなのか意識しながら記述する必要がある。宇宙飛行士でもエラーを起こすし、体調が悪い時もある。実運用を模擬した訓練（シミュレーション）により、机上の想定とは異なるものや、ヒューマンエラーがあぶり出されるので、それをマニュアルに反映して成熟させるようにする。

ポジティブ思考でプロジェクトを成功に導く

ＮＡＳＡの会議は基本的にポジティブ思考である。厳しい議論をしても会議が終わればにっこりとお互い握手して、一枚岩を形成しようとする。アメリカでは人の良い点を褒めて個性を伸ばしチームワークを育成するが、日本はまずい点を批判し全体を良くしようとする。子供が母親にほめられると幸せな気持ちになるのと似ている。人はほめられるとうれしい気持ちになるものだ。

ＮＡＳＡの仲間は、ロシアとも欧州とも付き合いをしてきたので、相手の文化や仕事の進め方を尊重するようになってきている。同じ目標に向かってミッションを成功させなければならないので、あまり攻撃的な態度はとらないようにして、議論を論理的に進めようと努力している。ＮＡＳＡの仲間は次のように語ってくれた。「日本人と付き合い始めた最初は、さまざまな点で相当戸惑った。打ち合わせをしているときに、喜怒哀楽の感情をあまり出さないし、賛成か、反対かの反応がはっきりしない。日本人の存在はカルチャーショックだった。でも、時間がたつにつれて、相手への思いやりを持ち気配りして仕事を進める国民であることが分かってくると非常に好感を持つようになってきた」

ＮＡＳＡのマネジャーは、作業の詰めの甘さや不備な点を容赦なく指摘するが、個人を責めるようなことはしない。ミッション成功が目的なので、機会あるごとにチームの努力とリーダーの指導力をほめるようにしている。それまでチーム員の表情が硬かったのが、その言葉で気持ちがゆるみ、いい表情になる。

未知への挑戦には、想像もできないほどの不具合が何回も立ちはだかりスケジュールが何回も遅れ、コストも上昇する。「きぼう」開発の時には、米国政府の財政事情悪化によるＩＳＳの大幅見直し、コロンビア事故など、予期せぬ事態が何度もやってきた。突然暗闇の中に放り込まれたようになり、試行錯誤の罠にとらわれてしまうことを経験した。困難な時期にはチーム員の作業場所に行き、自分の持っている最新情報をしゃべり、現場で今抱えている課題は何か質問し、時には冗談を言い、士気と協調性を高める工夫をした。そして、「きぼう」「こうのとり」のミッションを成功させたい、自分はいい運を持っていて必ず天祐がきて、事態がいい方向に変わると信じてゆくことにした。そして、結果はちゃんとついてきてくれた。

第三部

我々は「きぼう」から何を得て、どこへ行こうとしているのか？

第九章　我々が国際宇宙ステーションから得たもの

米国の宇宙戦略（プログラム）の変遷

改めて、ＩＳＳにかかる米国の戦略についてまとめると、次のように言えるだろう。当初米国は、シャトルに続くプロジェクトとして、①広範囲な分野の科学および商業化の促進、②米ソ冷戦下での米国の国際的な科学、技術、商業化のリーダーシップの確保、を目的に、ＩＳＳ計画を立ち上げた。その後、チャレンジャー事故を契機に、人命をかけた有人宇宙活動は何を長期目標にするのかの戦略が求められ、月、火星、小惑星など人類が到達しうる空間の探査活動という有人宇宙探査がその軸に据えられた。

しかし、ＩＳＳ計画は、アポロ計画の国家戦略とは違い、予算上の制約のもとで初期段階の壮大な構想とは異なり、実験棟を中心にした堅実な構想に変化した。冷戦終結に伴い、米ロが相互に利益のある計画として、ロシアも参加した新しい時代のプログラムとなった。

二〇〇五年には、有人月探査を行うという米国のコンステレーション計画が次世代計画として立ち上がったが、これまでのＩＳＳへの投資の活用、および宇宙探査だけでない将来の多様な有人宇宙活動の存在意義が抜けており、米国の政府および有識者から計画の意義と投資効果に対する疑義が起きてきた。米国の財政赤字と政権交代もあり、二〇一〇年には、この計画は見直しとなった。

その後、シャトルは老朽化による事故のリスクと、当初の目論見から外れて運用維持に必要なコストが増大していることなどから退役し、カプセル型有人宇宙船と打ち上げロケットを活用した米国民間宇宙会社が物資輸送も搭乗員輸送も担う時代になろうとしている。

一方、国際協力という視点で見ると、米国政策担当官が述べているように、ＩＳＳはＮＡＳＡが行ってきた国際協力事業の中でも、うまくいった成功例となった。冷戦後米国の対抗相手だったロシアを巻き込んだ西側主要先進国の本格的な連携強化事業で、歴史上平和裏に実施されている最も大規模長期間にわたる国際事業となった。ロシア技術の拡散防止という別の目的はあったが、ロシアは参加後も有人宇宙開発の豊富な経験を提供し、米国より資金援助を受けて国際社会で存在感を示すしたたかさを持っている。

しかし、参加後もロシア特有の「短期的に成果を出しながらスペックを設定してゆく、紙なし、人で伝承、意思決定はトップ」などの異なる文化があり、チームプレーになるまでにはかなりの時間を要した。ＩＳＳ建設に入って以降、いわゆる「同舟共済」にやや似た状況になってきている。

これらにより、ＩＳＳは米国が当初狙っていた「国家の技術力の証明」と「米国のリーダーシップ」を、シャトルが退役した後でも世界に顕示している。また、ＩＳＳを完成させ安定的に運用を行っていることにより、ＩＳＳを通じて平和裏に、友好的に人類の協働事業として証明しつつある。

現在、米国主導で一四の国際機関（ＩＳＳ参加国のほか、中国、インド、韓国など）が参加した有人宇宙探査グループ（ＩＳＥＣＧ）が、次なる国際宇宙探査計画を検討中で、このＩＳＳでの経験と知見を人類共通の事業として発展させようとしている。

当初の米国の構想と現在の状況を比較すると、シャトルが飛行士も貨物も輸送し、すべての生命維持システムも米国が保持する計画であったところ、シャトルは当初のミッション目標に達成せず、予想外の退役となった。また、コロンビア事故でＩＳＳと地球間のシャトルが飛ばなくなったとき、ソユーズとプログレスというロシアの宇宙船があったおかげで、飛行士の往復も貨物便もバックアップシステムができたという、よりよい状況になった。

また、シャトル退役により、飛行士の輸送はソユーズ宇宙船になったが、ＩＳＳ事業継続に中断はなかった。クリティカルな機能は、人類全体で冗長系を持つ。巨大な単一系統システムより複眼的なシステムを用意することが、ＩＳＳの重要な教訓となった。

日本にとってのＩＳＳの成果

では、日本にとっては有人宇宙活動への参加はどのようなものだったのだろうか？　筆者の経験と知識からまとめてみたい。

ＩＳＳ計画は、一九八四年のロンドンサミットにて米国のレーガン大統領が日本、欧州、カナダに参加を呼び掛けたことから始まった。当時の日本は、一九七七年に日本初の静止軌道投入に成功したのを皮切りに、米国からの技術導入を自主開発に移行を始めたばかりであった。このような情勢の中、当時内閣総理大臣の諮問機関であった宇宙開発委員会は、一九八五年の「宇宙基地計画参加に関する基本構想」において、①高度技術の習得、②次世代の科学や技術の促進と宇宙活動範囲の拡大、③国際協力への貢献、④宇宙環境利用の実用化の促進を計画参加の意義として掲げ、これを踏まえた政治判断によりこの挑戦的な計画への参加を正式に決定した。

その後、主に米国のＩＳＳ資金の増大から再三にわたってＩＳＳ全体の設計見直しが行われた。また、冷戦終結という国際政治の環境変化に伴い、ロシアの参加などの変遷を経て現在に至るが、日本は一貫して政策面で計画を支持し、技術面でも着実に成果を上げてきたことで、参加各国から高い信頼を寄せられるパートナーとして評価されるようになった。

地球低軌道の有人宇宙活動については、ＩＳＳ計画における「きぼう」や「こうのとり」などの開発と運用を行うとともに、ＩＳＳ船長一名を含む一〇名以上の宇宙飛行士を輩出し、宇宙環境利用による社会的利益の還元、先端宇宙技術の獲得、発展、産業振興など様々な成果を創出してきている。特に、「こうのとり」は他国の補給船にはない大型の船内荷物と船外荷物の輸送能力を持ち、確実な物資輸送によりＩＳＳの安定的運用に大きく貢献し、ＩＳＳ参加各国より高い信頼を得ている。このことは国際社会における日本のプレゼンス向上に大きく寄与している。以下、日本の当初掲げた意義について、現時点での状況をまとめてみよう。

高度技術の習得

ＩＳＳの「きぼう」日本実験棟は二〇〇九年の組み立て完成から、二〇一八年三月現在、安定した運用が行われている。

一九九二年に、毛利宇宙飛行士が無重力を利用した材料実験と生命科学実験を一週間程度実施したのが、最初の有人宇宙実験であった。このミッションは日本独自の宇宙実験装置開発技術、実験データを観察しながら実験条件を変える遠隔運用技術や宇宙飛行士訓練技術等の習得の第一歩となり、これ以降の国際シャトル宇宙実験ミッション（向井飛行士搭乗を含む）に日本の実験装置を持ち込んで参加できるようになり、実験技術は世界のトップレベルに成長した。そして、「きぼう」実験棟の実験装置につながっていった。

「きぼう」組立完了後、本格的な運用と利用を開始し、宇宙滞在技術や有人運用技術、それらを支える高度な安全技術、大型宇宙システム（世界五極が各々独自開発した宇宙棟）の統合技術などを「きぼう」と「こうのとり」の開発・運用などにより習得してきた。長期間の微小重力環境や広い視野などを利用した実験を行う船内実験室は広く静かで、海外の宇宙飛行士や技術者から優れた作業環境として高い評価を得ている。ちなみに、「きぼう」実験棟の実験ラックはバーター調整により、欧州宇宙実験棟で使用され、また、実験装置は米国とロシアとの共同実験で使用されている。

「きぼう」は技術で先行する米国実験室と比べても運用初期の不具合件数が半分以下という高い信頼性を誇っており、信頼性・品質管理を含めた日本の宇宙産業界の高い技術力の結晶ともいえる。宇宙の高真空、放射線等の特殊環境での技術開発や、広い視野を活用した天体観測、地球観測を行う船外実験プラットフォームは、ＩＳＳで最大の船外実験施設である。特に、「きぼう」には日本独自のロボットアームとエアロックが設置されており、ＩＳＳで唯一宇宙飛行士の船外活動なしで実験装置や観測機器を船外に搬出したり、船内に回収したりできる。これを利用した超小型衛星の放出は、「きぼう」が完成した後に構想され、二〇一二年に日本が初めて実証したＩＳＳの新しい機能である。ロケットで衛星を打ち上げるのではなく、超小型衛星を補給船でＩＳＳに運搬し、宇宙プラットフォームから放出するというアイデアの実現は、ロボットアームとエアロックを備える日本実験棟ならではの柔軟性の高い設計と精密な製造技術のたまものである。

シャトル退役後のＩＳＳへの物資の補給は、米国民間企業が開発した「シグナス補給船」、「ドラゴン補給船」、ロシアの「プログレス宇宙船」と並んで、日本の「こうのとり」が担っている。米国の民間補給船のＩＳＳへの接近結合は、いずれも接近、すなわちランデブーさせて相対的に停止させ、ＩＳＳのロボットアームで捕まえてからＩＳＳに結合させる方式であるが、この方式は日本独自の技術である。「こうのとり」の開発当初、宇宙船同士のランデブー・ドッキング方式は米ロしか有しておらず、ＮＡＳＡから日本の提案方式に対して実現性に強い懸念が示されていた。しかし、二〇〇九年の「こうのとり」の初飛行で、従来の方式より衝突の危険が少なく格段に安全性が高いことが実証され、その後の民間宇宙船の方式に採用されるなどして、宇宙船の結合方式として事実上の国際標準となり、今や、ＩＳＳの安定運用に不可欠となった。ちなみに、「シグナス補給船」の接近・結合の際に使用する通信装置は日本の企業が受注している。

米国より宇宙先端技術を学ぶのと並行して、独自に「きぼう」と「こうのとり」の開発をし、米国との統合運用を経験してきたことで、たとえば、宇宙滞在・活動技術、有人運用関連技術、搭乗員関連技術、有人施設への無人補給技術、基盤技術として開発管理・大型システム統合技術、安全評価・管理技術、信頼性管理技術等の先端技術などの有人宇宙技術（有人輸送系を除く）を極めて少ない資金（欧州の三分の一）と短期間（欧州の二分の一）で獲得しつつある。

また、ロシア参加により技術面で変更を余議なくされたが、日本も欧州も米国だけでなくロシアの技術を学ぶことができている。

次世代の科学や技術の促進と宇宙活動範囲の拡大

宇宙滞在時間の延長、多数の搭乗員、供給電力、作業時間の増大等、以前不可能であった大規模な科学観測や実験が可能となった。これにより、さらに高軌道での宇宙活動に進む中継基地、月・惑星への有人基地への足がかりができている。主要な成果を次に紹介する。

①超小型衛星放出——独自エアロックとロボットアームを持ち、その機能を駆使することにより、超小型衛星を宇宙空間へ放出するISSで唯一のユニークな能力を有している。ISSへの超小型衛星輸送は緩衝材で包んで打ち上げるため振動環境はロケットで直接打ち上げるより緩和され、ISS物資に混載するので高頻度の輸送ができ、利用者の利便性がいい。

「きぼう」からの超小型衛星の放出には、米国の民間通信会社、ベトナム、ブラジル等の衛星に広がっており、二〇一四年二月には、米国民間会社が開発した地球観測衛星群三三機を放出するなど、日本発の技術が超小型衛星利用のパラダイムシフトのきっかけを作ったと言える。当初、衛星放出は教育・人材育成目的の利用から始まったが、今や民間企業や海外機関にも広がっている。衛星放出という新たな宇宙利用の姿は、二〇一四年の米国科学雑誌『サイエンス』の世界の一〇大成果にも挙げられた。

②生命科学実験——蛋白質結晶生成の宇宙実験技術は、「きぼう」打ち上げ前に旧ソ連の「ミール」で長年に渡って日本が苦労して蓄積してきたものである。これらの実験では条件が整えば地上より高品質の蛋白質結晶が得られる。これまでに、筋ジストロフィーやインフルエンザ特効薬などの蛋白質結晶を生成し、他国に先んじた成果を創出してきたが、米国、欧州は日本に追従するための取り

組みを進めようとしている。それに対して、民間利用を促進する仕組みも整備され、製薬企業などによる医薬品や産業酵素の研究開発で利用が始まり、これまでの優位性を活かしつつ他国をリードする成果創出を目指している。

また、ＩＳＳの微小重力環境は骨量減少、筋委縮、免疫低下など加齢に見られる生物影響の加速的な変化を提供できる唯一の環境である。「きぼう」では骨粗鬆症の治療薬の予防効果の確認や筋委縮原因酵素の特定などで成果を創出してきている。

③天文・地球観測――「きぼう」船外プラットフォームでは、衛星を新たに準備せずに比較的大型の観測装置を軌道上に設置することができる。たとえば、二〇〇九年に設置された「全天X線監視装置」（ＭＡＸＩ）は、観測開始以降の五年間で一五個の新たなX線天体を発見し科学的に大きな成果を出した。また、地球観測では、二〇〇九年に設置された「超伝導サブミリ波リム放射サウンダ」（ＳＭＩＬＥＳ）が活躍した。これは天体観測の先進技術を活用してサブミリ波を用いてオゾン層に含まれる微量の化学物質を精緻に観測する装置だが、世界で初めて成層圏のオゾンの日周変動を観測し、これまでも衛星では検出が困難な大気成分を定量的把握することに成功した。また、二〇一五年に「こうのとり」で設置された「高エネルギー電子・ガンマ線観測装置」（ＣＡＬＥＴ）は、高エネルギー粒子を観測する宇宙望遠鏡であり、暗黒物質の正体に迫る発見が期待されており、日本の宇宙科学の発展に貢献するものである。さらに、人工衛星の観測技術の実証ほか、国際的に利用目的の高

い世界に誇る観測プラットフォームとしての貢献を創出し始めている。

④宇宙飛行士選抜・訓練技術――宇宙飛行士の選抜と訓練技術、および日本人宇宙飛行士によるシャトルおよびソユーズ、ＩＳＳの宇宙飛行により有人飛行技術を蓄積した。日本は米ロに続く世界で三番目の宇宙滞在時間を有する。さらに、二〇一四年にＩＳＳの船長に米国以外の三人目の外国人として若田飛行士が任命された。有人宇宙活動は宇宙飛行士だけでなく、「きぼう」「こうのとり」の運用に関わる運用管制員の存在が不可欠である。したがって、世界第三位の宇宙滞在実績は、宇宙飛行士だけでなく、日本が各国と連携しながら有人宇宙システムの統合的運用に関する経験を蓄積し人材育成が進んでいることを意味している。ＩＳＳ船長に任命されたことは、日本の宇宙開発活動における国際パートナーからの信頼の証であろう。

国際社会への貢献

一九八〇年代の米国の宇宙基地計画から一九九〇年代のＩＳＳへ変化した際、各国が数回にわたり考え方を変更してきたのに対して、日本は技術貢献の質とその計画への貢献をほとんど変更なしで維持し、引き続き計画に参加したことで日米間の信頼関係を維持発展してきた。

ロシア参加により技術面でさまざまな変更を余議なくされたが、日本もそれ以上にロシアとの良い関係を築くことができている。大規模な多国間国際協働の在り方を経験してきたため、将来の宇宙探査においてこれまでの協力で得られた教訓は、日本を含むパートナー同士をより良い関係にしてゆくことができる。

このように宇宙分野における先進国の一員としての国際的地位を獲得してきたことは、ＩＳＳ参加の大きな意義であったと言ってよいだろう。

宇宙環境利用の実用化の促進

当初、思い描かれていた米国を中心にした宇宙工場は実現していないが、宇宙環境利用（材料、医薬品）の本格化による宇宙での産業活動支援を一つの目標にする方向になってきた。

事業としては、一九八五年参加以来、度重なるＩＳＳ建設開始延期でのリソースのロス、およびチーム員の情熱の喪失があったものの、現在「きぼう」や「こうのとり」等国力に応じた貢献により、国際的な尊敬度は向上し、総合的な国力（最先端技術、科学技術的知見、ソフトパワー）向上に貢献している。

第一〇章　外交手段としての宇宙開発

先進国が有人宇宙開発を目指す理由

人工衛星は当初米国、ロシア、欧州のものだったが、今やメキシコ、マレーシア、ベトナム、タイ、サウジアラビアなどの国も自国の衛星を何機も持つようになった。とりわけアジアにおいて、米ロ以外に有人宇宙船の実績を持つ中国や、宇宙開発を積極的に推進し技術を伸ばしてきたインドも、独自の宇宙開発技術の確立を目指して、有人宇宙計画から惑星探査まで長期的で包括的な開発計画を着実に実施しており、世界的にも大きな存在感を示している。また、ＡＳＥＡＮ諸国なども、防災や安全保障の理由から自前の衛星保有を目指す動きが出ている。一方、米国では、シャトルの引退に続いて、低軌道宇宙へのアクセス手段へ米国民間企業の参入、米国民間企業の有人弾道商業飛行の参入等などで盛り上がってきている。

有人宇宙探査には、巨額の費用を必要とする。国家の威信をかけて、宇宙開発競争に走った冷戦中の米ソ宇宙競争という特殊な時代が終わった後は、主要国にとって費用対効果の観点からも国際協力による宇宙探査が得策となった。それがＩＳＳを中心とする国際協力時代である。

かつて宇宙開発は、二〇世紀の冷戦を背景に、米ソ対立という国際的環境の中で、宇宙開発における「世界的リーダーシップの証明」、および、「それを可能とする総合的国力の誇示」、「超大国としての地位の維持・強化」といった対外政策の観点から強く正当化されていた。しかし、今日では、世界の先進国が、技術や資金を出し合う国際協力の場であり、それを利用して各国のプレステージを国際社会に示すことによる外交政策の手段となる時代になった。

パックス・アメリカーナ

米国は、自国のリーダーシップを再び活性化し、産業基盤の強化と同時に国際協力を推し進め、宇宙ゴミや自由航行を目指した海洋監視などの持続的な宇宙開発利用や安全保障に力をいれている。また、米国は、二〇三〇年代火星への有人飛行を目指し、その前段階で月への有人飛行を検討している。この検討の一環として、次期国際協力の宇宙探査を検討するフォーラムが、米国政府主導で進められている。第一回は、二〇一三年一月に米国国務省で開催され、日本、中国、ロシアを含む三五か国が参加した。第二回は、二〇一八年三月に日本で開催された。二〇〇二年にインドが火星探査を成功させ、中国が月面軟着陸に成功するなど、政治力も経済力ももつ中国やインドなどの新興国が急速に表舞台に登場してきたことから、米国国務省はこのフォーラム米国政府が主導する会議に格上げした。

米国主導の政府間の議論は、これからの人類の活動領域が拡大する宇宙空間における国際ルールや仕組みづくりにつながってゆく。

国際ルールの経済的なメリットは、自国の産業の基本となっているルールが国際ルールになってゆくと、他の国はそのルールに追いつくことができる技術力と経済力を持たない限り、価格の安い先行国の製品を購入することになることである。これに対抗するために、関税を引き上げるなどの措置をとることで国内企業を守ることになる。しかし、米国オバマ政権下でのＴＰＰ（環太平洋パートナーシップ協定）のように世界のＧＤＰの四割を占める巨大経済圏での米国主導の経済統合の枠組となってしまうと、交渉や譲歩を拒み続けられる国は少ない。

日本は過去に苦い経験をしている。一九八九年に悪名高い米国通商産業政策としての包括通商・競争力法の「スーパー三〇一条」である。八〇年代後半の対日貿易赤字と半導体摩擦がくすぶり、米国にとって不都合な貿易相手国に改善を迫り、制裁を課すというものであった。半導体とは関係のない「宇宙、スパコン、木材」の日本市場が閉鎖的として市場開放要求が出て、一九八八年、日本側が譲歩して決着した。そのため、当時人工衛星の産業化に向かっていた国内のメーカーは開発のチャンスを失い、産業の芽を摘んでしまった。

新しい空間や技術に人類が挑戦する場面において、フロンティア開拓技術や工業力を持つことは、ルールづくりにおける交渉力や発言力に直結する。その意味で米国の国家戦略としての国際協力枠組みの宇宙探査を舞台にした「パックス・アメリカーナ」（米国による平和と秩序の維持）が始まったと言えよう。

継続してプレゼンスを発揮するロシア

ロシアは、スペースシャトルが退役した後のソユーズ宇宙船がＩＳＳへの唯一の有人輸送手段となっていることから、国際共同の重要な役割を担っている。旧ソ連時代に培ったロケットエンジン、長期宇宙滞在の生命維持システムや宇宙医学、有人宇宙船と有人輸送ロケットなどでは米国の追随を許さない技術を保有しており、二〇三〇年代までに有人月探査を考えている。また、ロシアの国際的な存在感の確保のため、欧州との火星探査計画、ドイツ、フランス、中国、インドなどと人工衛星や有人技術で提携を拡げている。

中国の宇宙開発は影響力拡大の手段

中国は、毛沢東時代に掲げたスローガンに象徴されるように、宇宙開発利用を重要な大国の条件の一つとして考えてきた。近年も強力に宇宙開発を進めており、アジアで存在感を発揮している。中国の宇宙開発は軍が主導し、軍事技術開発と表裏一体である。中国の指導者たちの目的は、アジア諸国の中で中国が最も先進的であり、他の国は技術的にも資源的にも追随できないことを示すことである。そのため、党の政治的正当性を強化し、世界の主要国としての地位を取り戻していることを中国人民に示すため、宇宙活動の成功を利用している。中国の観点は、ＡＳＥＡＮ諸国を中心に経済的に結びつきを強めつつある中東やラテンアメリカ諸国を主導し、自国の影響力を拡大するための枠組みづくりであり、宇宙はそのための道具となっている。

二〇一一年一一月、中国独自の有人宇宙ステーション建設のために中国初の無人宇宙船と、無人実験機が初のドッキングに成功した。それに先立つ七月九日付けの『国際在線』の記事において「中国は米ロに次ぎ、人類を宇宙空間に送り、宇宙空間の航行を実現させた三番目の国家である」と自賛。同年一一月、中国独自の有人宇宙ステーション建設のために中国初の無人宇宙船と、無人実験機が初のドッキングに成功した。『人民日報』傘下の『環球時報』(電子版一一月四日付け)は、「一万台の戦車を製造しても国際地位は得られないが、宇宙開発の成果は軍事を含めた広い分野に及ぶ」とコメントを掲載した。

その後も中国の有人宇宙船打ち上げは続き、二〇一六年一〇月には、有人宇宙船打ち上げ六回目となる二人の飛行士を乗せた有人宇宙船「神舟一一号」を打ち上げ、その前に打ち上げた宇宙実験室「天宮二号」へのドッキングを成功させた。二〇一八年から独自の宇宙ステーション建設を始める計画で、その運用に向けた技術の蓄積を進めている。米ロと肩を並べる「宇宙強国」を目指す習政権は二〇二二年ごろ独自の宇宙ステーション完成を目標とする。また、二〇二五年以降の有人月探査や月面基地建設を計画、さらには、二〇五〇年代の有人火星探査を目指している。

米国、ロシア、中国は、技術面だけではなく金融も含むさまざまな手法を組み合わせ、あらゆる分野をリンクさせて総合的に、包括的国家戦略を立てている。米ロの狙いはＩＳＳ以降も視野に入れた長期的な主導権確保であるが、中国やインドなどが進める有人宇宙開発は、国際社会の中でのプレゼンスという視点ですでに世界の多くの国が保有している人工衛星ではなく、少数の先進国だけが保有している有人技術を使って国際社会の中でのプレゼンスを発揮するための外交交渉カードとなっている。

日本の有人宇宙開発におけるプレゼンス

第二次世界大戦後、世界の科学技術は冷戦構造の中で発展し、「核」と「宇宙」という二つの要素が主要な役割を果たした。米ソそれぞれの軍隊と産業を巻き込んだ巨大な科学技術の発展競争であった。一方、有人宇宙活動をふくめて日本の宇宙活動は、現在五〇年以上の艱難辛苦を経てようやく欧米先進国にキャッチアップしつつある。

戦後、糸川英夫博士のペンシルロケットに始まり、世界水準の国産ロケット、衛星製造・運用を可能とする宇宙技術を蓄積してきた。これが近年の独自小惑星探査の成功や衛星の商業化などにつながっている。また、国際探査では、ＩＳＳに、当初からアジア唯一の国かつ主要なパートナーとして参加してきた。「きぼう」日本実験棟、宇宙ステーション補給機「こうのとり」の開発・運用を行い、船長を含む一〇名以上の宇宙飛行士を輩出するなどの貢献は国際的に高い評判を得てきた。またこれを通じ、自ら宇宙技術の獲得、産業振興を図ってきた。先にも述べたように、小型衛星の放出などにおいて、アジアとISSをつなぐアジア・ゲートウェイの役割を担う国として発言権を有するに至っている。

一九七〇年四月に中国が最初の人工衛星を打ち上げたときに、幸い日本はその数か月前に「おおすみ」を打ち上げていて、ソ連、米国、フランスに次いで世界で四番目に自力で人工衛星を打ち上げた国になった。一方で、中国は米ロに次いで世界で三番目に有人宇宙船を自力で打ち上げた国になり、大国だけが保有する先進工業国であると世界にアピールしている。

国際政治学者の田中明彦教授は、文部科学省宇宙開発委員会国際宇宙ステーション特別部会（平成二十二年五月一四日）で経済力と外交的な関係について述べている。

（前略）

二一世紀に入って国家と国家で戦争するということは、よほどのことがない限りはないんだという、そういう日常的な中での影響力ということからすると、経済力が大きいからって何で言うことを聞く必要があるかという話になります。

ですから、その中で逆に、やはり重要な影響力のソースというのは、知識であったり、あるいは、ある種の共感、この国のやっていることはすばらしい、こういうことをやっているのがすばらしいというようなある種の感情。やや客観的な知識を持っているということと、主観的にその国と一緒にやるのは好ましいと思われるようなことが、ある種の影響力の源泉になりつつあるんじゃないかと思います。

（中略）

知識と並んで、ある種の共感というものも大事だと申し上げましたけれども、宇宙ステーションというものが世界の人々の中で、あっ、これはすごいなと思う状況が続く限りにおいては、そこに参加しているということ自体がある種の共感のベースになると思っております。さっき言ったこととのまた関連になりますけれども、このＩＳＳ計画に参加しているというのは、日本がいろいろ世界でやっていることの中でいうと one of the few の一つの事例なんですよね。非常に少ないものの中に日本はいると。これは経済のマネジメントで言えば、Ｇ８、Ｇ７は徐々になくなってＧ20の時代になる。Ｇ20の時代というのは、つまりは日本は one of the 20 になる。そうすると、one of the 20 じゃない、one of the 4 とか one of the 5 とかという枠組みに入っていることの意味というのはやはり非常に大きいんじゃないか、そのように思います。

工業技術のようなソフトパワーは、国際的地位と国際的な発言力を確保するための手段である。早坂隆著の『世界の日本人ジョーク集』(中公新書ラクレ　二〇〇六年)にこれを象徴するようなエピソードが紹介されている。

コソボ自治州都ブリシュチナの学生は、日本のイメージをこう語った。「日本の超特急をテレビで見たことがあるよ。時速五〇〇キロくらいでるんだろう?　磁石の力で宙を浮きながら、あっというまにトウキョウからオオサカまで移動できるんだってね。君はその超特急に乗ったことがあるかい?」「磁石のものではないが、時速三〇〇キロくらいでる列車にはのったことがあるよ」すると、彼は目を輝かせながら、「そこで質問なんだが、その電車の中ではジュースを飲んだり、ポップコーンを食べたりすることはできるのかな。それとも、後ろに飛んで行ってしまうのかい?」私は苦笑しながら、首を横に振った。すると彼は納得したような表情を浮かべ、「なるほど、きっとソニーやホンダのシステムにより、そう調整しているんだろうね」とうなずく。

今の時代、一般的に国際的な影響力において、知識や共感力の比重が高まっている。以前は、スペースシャトルやアポロ計画が国際影響力としての米国の象徴だった。その意味から二一世紀の世界では、日本の影響力を高めるために、知識や共感力を象徴化する活動を今後どんどんやっていくことが必要である。その活動の事例であるＩＳＳは、いわば宇宙の先端大型研究施設で知識や国の技術水準を保有する国々が参加した活動である。ロシアも共同参加しており、日本の外交の枠を広げるのに役立っている事業となっている。日本が世界に貢献していくものの拠点として、ＩＳＳも、鉄道も、環境エコ技術も活用していくべきであろう。そして、そのことを世界に頻度高く発信してゆくことが大事である。

今や、宇宙開発の主な舞台が地球低軌道から月や火星の有人探査に移ろうとしている。これから始まる大規模な国際宇宙探査計画では、「きぼう」「こうのとり」「ロケット」「はやぶさ」等などで蓄積してきた技術力と運営能力をさらに発展させ、国際競争力と技術力を確保してゆく必要がある。それによりソフトパワー外交として、その実力に応じた発言力や影響力を発揮し自国の利益を確保することに繋げる努力をすべきだと思う。その意味で国際宇宙探査に関わっていくことは寛容である。

二〇一六年四月に日米間で合意された新防衛ガイドラインでも、宇宙における協力は新しい柱として位置づけられている。加えて、国際宇宙探査、宇宙での実験から得られる技術、知見は他では得られないものである。医科学などの各方面での利用可能性があり、広く産業振興に有用であり、日本の産業競争力を高めるものである。

これは、日本が引き続き科学技術立国として成長していく上で重要なことである。日本国憲法前文の「われらは、平和を維持し、専制と隷従、圧迫と偏狭を地上から永遠に除去しようと努めてゐる国際社会において、名誉ある地位を占めたいと思ふ」とあるように、世界に貢献してゆくのが我々の使命なのだから。

あとがき

私は学生時代にアポロ一一号が月面着陸するテレビ中継を食い入るように見ていた。未知への挑戦だったので成功は半々だろうと新聞やテレビでは予想していたが、結果は大成功だった。世界にアメリカのすごさを見せつけた巨大プロジェクトだった。どうやって成功させたのか、人を月に送り安全に地球に帰還させる有人安全の技術とはなんだろうかと考えるようになった。

オイルショックの影響で就職難だったが、幸い宇宙開発事業団（現ＪＡＸＡ）に入社でき、放送衛星、気象衛星や技術試験衛星などの運用管制システムの開発・運用に従事することになった。これら衛星の追跡管制に必要なアンテナ、衛星管制設備、電源設備などを国内の追跡管制所に整備する仕事と現場での運用と保守が業務だった。その後、筑波宇宙センターに移り、衛星管制ソフトウェアの開発、および国内で可視できない時間帯をカバーするための海外追跡支援業務などを担当した。この海外追跡支援業務を通じたＮＡＳＡのゴダード宇宙飛行センターとの付き合いの中で、先進国のマネジメントを勉強することができた。

三〇歳のとき、米国ロサンゼルス郊外にあるＮＡＳＡのジェット推進研究所に一年間留学の機会を得た。この研究所は、惑星探査衛星「ボイジャー」や火星探査車で有名な「未知への深宇宙探査」を成功させてきたところである。ここで惑星探査の合理的な仕事の仕方を垣間見て、ＮＡＳＡのプロジェクトマネジメントに興味を引きつけられた。

さらに三〇代後半、設立されたばかりの民間衛星通信会社に出向し、地上システム整備を担当することとなった。提携先のフォード・エアロスペース社（現スペースシステムズ・ロラール社）と付き合い「短期間で衛星を作り、打ち上げ、静止軌道までもってゆく」ビジネスプロジェクトを経験した。これまでの業務でプロジェクトマネジメントに深く関心を持つようになったが、人間が乗る宇宙船の巨大プロジェクトと人工衛星プロジェクトではマネジメントに差があるように思えた。当時ＮＡＳＡはスペースシャトルの開発を行っており、巨大な宇宙プロジェクトをどうやって成功させていくのかノウハウを知りたくなり、内外の文献、市販の本を調べたが、宇宙プロジェクトマネジメントについて、わが身に応用できるものは見つからなかった。

幸い四〇歳になる頃、希望していた日本実験棟「きぼう」開発プロジェクトで仕事ができることになった。当時は、純国産のロケットＨ－Ⅱの開発にようやく乗り出した段階であり、欧米を社会人とすると、日本は専門学校を卒業したくらいのレベルと言われていた。

一九八四年のロンドンサミットで、レーガン大統領が国際宇宙ステーション計画を西側に提唱したことを受け、一九八五年に日本政府は参加を決めた。当時の日本には、有人宇宙開発の経験がなく、手探りで日本実験棟の構想をまとめ、外国にはない「船外と船内実験施設や保管室」「ロボットアーム」などの基本構成を決め、提案した。しかし、宇宙実験室などやったこともない日本は子供扱いだったと、先輩方は私によく話してくれた。

私が「きぼう」プロジェクトに従事してからも、NASA主導の会議では参加各国機関との激しい技術のせめぎあいが繰り広げられた。電力や空調、通信、結合機構等の設計基準は？　各国が開発する機種の異なるコンピュータの接続はどうするのか？　等々、一年以上議論を重ねたケースもあった。設計基準が決まり、設計書で具体的にし、設計書を製造図面に落とし、その図から実機を製造していくのだが、数々の難問・課題が待ち受けていた。

製造は国内のいくつもの宇宙航空メーカーが担当する。当時は「有人の本格的な宇宙船の開発なんて経験がなく、安全設計のノウハウもない。いずれはアメリカから技術や装備を買ってこなければならないのではないか？」と企業の方々は懸念していた。

さらに、米国の財政赤字や大統領が変わるたびに政策変更があり、国際宇宙ステーション（ISS）の設計見直しを何回もさせられることになった。加えて、冷戦終結に伴うロシアの参加による国際宇宙ステーション構成の見直しが一段落してからも、次から次へと難題が降りかかってきた。ロシア政府の財政事情による開発遅れ、想定外のスペースシャトル「コロンビア」事故、この事故によりスペースシャトルは二年半飛行停止。代わりにロシア宇宙船「ソユーズ」で宇宙飛行士を打ち上げることになった。また、米国政府は老朽化したスペースシャトルの退役を決め、「きぼう」の打ち上げができない恐れが出てきた。「きぼう」の開発も、大海の嵐の中で荒波に揉まれる小船のように、大きく揺すぶられた。しかし、常に厳しい環境ではあったが、NASAのプロジェクトマネジャーたちは世界を俯瞰し、冷静に参加各国機関をまとめ、数々の困難な課題を克服して行った。

一九五〇年代に始まった米国・ソ連（現ロシア）の宇宙開発競争は国家威信をかけた戦いであったが、アポロやスペースシャトルによる有人宇宙飛行などの開発で培われた成果が、ハード的にもソフト的にもISSに活かされていることをこの仕事を通じて私は実感した。特に、これらを主導したNASAプロジェクトマネジャーたちは、組織目標と自分の意図をチーム員に示し、現実を客観的に捉える眼力とそれに適応した判断力を持ち、チーム員の心を集める人間味があった。

「きぼう」の開発も米国の波乱の出来事に多々影響を受けた。山積する課題を解決するためにはNASAとがっぷり四つになって対処する以外に解決策はなく、世界の宇宙機関を束ねるNASAのプロジェクトマネジャーたちと付き合いを深め、具体的な手法を学ぶ絶好の機会となった。そこで身につけた手法は「きぼう」や「こうのとり」開発と運用のマネジメントに応用・適応していった。そして、リスクをマネジメントし、強いチームワークにより、二〇〇八年五月「きぼう」日本実験棟の船内実験室の軌道上での組み立てを成功させた。日本にとって初めての有人宇宙施設を完成させ、日本（筑波）から運用開始することになった。「きぼう」の出来栄えについてNASAボールデン長官も「最も出来の良いモジュールであり、打ち上げに際して何の問題もなかった」と語った。この成功より、日本の宇宙開発は新たな段階に入った。

現在、打ち上げから一〇年を過ぎ、米国・ロシア・欧州・カナダ・日本の五極一五か国が参加する国際共同プロジェクトでの日本の立場は、「きぼう」と「こうのとり」の成功によって、重要な位置を確保している。NASAから〝Most Reliable Partner〟と頻繁に言われるようになり、この計画参加の大きな成果になっている。ちなみに、「こうのとり一号機」の打ち上げ成功の後、米国民間の国際宇宙ステーション補給機製造会社から「こうのとり」で開発した機器、ランデブー運用訓練と技術支援業務を受注している。

二〇一四年、若田宇宙飛行士が国際宇宙ステーションの船長になり日本人が初めて、宇宙飛行士のリーダーの役割を担うことになり、参加国から日本の存在が認められた確かな手応えを感じた。

私が学生の頃から知りたいと思っていた巨大なプロジェクトをどうやって成功させてきたのか、参加各国機関を含めたステークホルダー（利害関係者）をどうまとめていくのか、「きぼう」開発と運用業務に従事しながら、NASAの具体的なプロジェクトマネジメントを通じて学ぶことができた。

NASAのリーダーシップのあり方は、「きぼう」プロジェクトの非常にいい手本になり、マネジメントの実務に取り入れた。

日本の宇宙開発はメディアでも報じられ、「きぼう」「こうのとり」「日本人宇宙飛行士の活躍」「はやぶさ」等の記事を目にする機会が多くなったが、実際にそれらのプロジェクトをいかに作り上げ（企画・実行・運用）、その作業を通じて得たマネジメントについて知る機会は多くない。私はJAXAを退職したあと、「きぼう」プロジェクトの立ち上げからの開発経緯、NASAとの交渉、大規模プロジェクトのまとめ方などに関して講演や講義を依頼され、時々実施している。参加者から〝仕事の仕方〟や「チーム内のトラブルの解決」のヒントを探している〝、〝現場で応用できる実例を沢山ほしい〟、〝講演の内容も含んだ参考資料となる出版本はないのか〟との意見がよく問われる。そこで、私の「きぼう」を中核とした国際プロジェクトの経験が実践実例の紹介として役立つのではないかと感じるようになった。また、日本プロジェクトマネジメント協会の古園豊氏から私の経験を本として残すべきだとの意見もいただいた。

本書は、私が国際宇宙ステーションの「きぼう」日本実験棟の開発と運用という大規模なプロジェクトに関与し、「きぼう」の開発の現場で何に苦労したのか、NASAとの共同作業の苦労をどのように解決したのか、いかに先進国のプロジェクトのやり方を学び「きぼう」の開発や運用に生かしてきたのかの、マネジメントの手法など「ソフト」の部分を具体例をもとにまとめたものである。この本が、少しでもお役に立てれば幸いである。

本書の執筆に当たっては非常に多くの方々の協力があった。特に日本プロジェクトマネジメント協会の古園豊氏には出版への後押しに加え、マネジメントの観点で具体的な助言と加筆訂正をいただいた。また、「きぼう」や「こうのとり」の開発と運用に参画した同僚、特に、田崎一行氏、及川幸揮氏、川崎一義氏には、丁寧に原稿全部に目を通していただき、適切なコメントをいただいた。

なお、本文中の引用箇所については、特に断りのない限り、社内文書などを元に本人に新たに取材、確認し内容を改めたものである。

最後に、今回の出版にあたって、地人書館の柏井勇魚氏には、本の章立てと原稿編集、加筆修正を含め出版に関するさまざまな労をおとりいただいた。ここに深く感謝を申し上げたい。

二〇一八年一月吉日

長谷川　義幸

（4） 宇宙探査で国際協力，宇宙の新秩序 中国との外交戦．共同通信．2011.07.07
（5） 米シャトル引退後の宇宙開発，産経新聞，2011.07.18

図版出典

（1） 図 1-1 ロンドンサミットでの宇宙基地提案
出典：NASA Web サイトより（https://crgis.ndc.nasa.gov/historic/File:84）
（2） 図 2-1 デュアル・キール型の宇宙基地
出典：JAXA Web サイトより（http://iss.jaxa.jp/iss/about/plan/）
（3） 図 2-2 宇宙基地参加当初の日本の構想
出典：「宇宙基地参加に関する基本構想」1985 年 4 月，宇宙開発委員会 宇宙基地計画特別部会報告（https://repository.exst.jaxa.jp/dspace/handle/a-is/19888）
（4） 図 2-5 デブリバンパー
出典：左上及び右下画像　JAXA Web サイトより，中央図：著者作成
（5） 図 3-1 ロシア参加後の国際宇宙ステーション
出典：NASA Web サイトより（https://nssdc.gsfc.nasa.gov/nmc/spacecraftDisplay.do?id=1998-067A）
（6） 図 3-2 ケネディ宇宙センターでの「きぼう」ロボットアーム取付け
出典：NASA Web サイトより（https://archive.org/details/KSC-KSC-07PD-0452）
（7） 図 3-3 完成後の国際宇宙ステーション
出典：NASA Web サイトより（https://spaceflight.nasa.gov/gallery/images/shuttle/sts-132/html/s132e012208.html）
（8） 図 4-1 ISS のロボットアームによって把持される「こうのとり」
出典：NASA Web サイトより（https://www.flickr.com/photos/nasa2explore/31530257961/）
（9） 図 6-2 リスクマトリックスの例
出典：MIchael Massie/Boing　Ist IAASS Conference（著者編集）

上記以外の図版は著者作成

(4) 白木邦明．特集「きぼう」 ははるか．NTT Advanced Technology Press, 2001.01.14, p.1-8

第八章 宇宙開発で求められる人材

なし

第九章 我々が国際宇宙ステーションから得たもの

(1) 文部科学省 科学技術・学術審議会 研究計画・評価分科会 宇宙開発利用部会 国際宇宙ステーション・国際宇宙探査小委員会 . 国際宇宙ステーション・国際宇宙探査小委員会 第 16 回配付資料, 2015.06.25, http://www.mext.go.jp/b_menu/shingi/gijyutu/gijyutu2/071/attach/1358968.htm, (参照 2018.01.10)
(2) 文部科学省 科学技術・学術審議会 研究計画・評価分科会 宇宙開発利用部会 国際宇宙ステーション・国際宇宙探査小委員会 第 1 回配付資料, 2014.04.22, http://www.mext.go.jp/b_menu/shingi/gijyutu/gijyutu2/071/shiryo/1344413.htm, (参照 2018.01.10)
(3) 文部科学省 科学技術・学術審議会 研究計画・評価分科会 宇宙開発利用部会 国際宇宙ステーション・国際宇宙探査小委員会 第 2 回配付資料, 2014.05.16, http://www.mext.go.jp/b_menu/shingi/gijyutu/gijyutu2/071/shiryo/1347214.htm, (参照 2018.01.10)

第一〇章 外交手段としての宇宙開発

(1) 宇宙開発と国益を考える研究会編．宇宙開発と国益を考える研究会〜アジア太平洋戦略〜報告書．第 3 章 宇宙外交．日本宇宙フォーラム，2007, http://www.jsforum.or.jp/technic/pdf/summary.pdf, (参照 2018.01.10)
(2) 文部科学省 宇宙開発委員会 国際宇宙ステーション特別部会 第 2 回 議事録，2010.05.14, http://www.mext.go.jp/b_menu/shingi/uchuu/015/003/gijiroku/1295053.htm, (参照 2018.01.10)
(3) 文部科学省 科学技術・学術審議会 研究計画・評価分科会 宇宙開発利用部会 国際宇宙ステーション・国際宇宙探査小委員会．国際宇宙ステーション・国際宇宙探査小委員会 第 16 回資料．2015.06.25, http://www.mext.go.jp/b_menu/shingi/gijyutu/gijyutu2/071/attach/1358968.htm

回．日本航空宇宙学会誌．679,781, 2010
(3) 中野不二男．宇宙産業失地回復．エコノミスト．2009.11.10. p.78-91
(4) 日本機械学会編．安全工学最前線：システム安全の考え方．共立出版，2011，第２編第２章

第五章 システムエンジニアリングとプロジェクトマネジメント

(1) 日本プロジェクトマネジメント協会編．プロジェクトの概念．近代科学社，2013
(2) 能澤徹．国際標準プロジェクトマネジメント．日科技連出版社，2000
(3) 清水基夫．実践プロジェクト＆プログラムマネジメント．日本能率協会マネジメントセンター，2010
(4) 芝 安曇．プロジェクトマネジャー自在氏の経験則Ⅱ．日本プロジェクトマネジメント協会，2008
(5) 渡辺貢成．事業者(発注者)のためのプロジェクトマネジメント．PMAJ ジャーナル．2013, 第 41 号
(6) 狼嘉彰，冨田信之他．宇宙ステーションと支援技術．コロナ社，2004
(7) 今田高峰，尾藤日出夫他．特集 宇宙ステーション補給機（HTV）第３回．日本航空宇宙学会誌．2010.10, 第 781 号

第六章 危機管理と安全対策

(1) 澤岡昭．日本企業は NASA の危機管理に学べ．ニッポン放送プロジェクト，2002
(2) 日本機械学会編．安全工学最前線：システム安全の考え方．共立出版，2011，第２編第２章

第七章 巨大プロジェクトを支える組織

(1) カール・シェリー．日本の ISS 運用チームの設立に関する考察．日本宇宙航空学会誌．2005.10, 第 53 巻第 621 号, p.291-298
(2) ベン・リッチ．ステルス戦闘機．講談社，1997
(3) 「きぼう」から未来へ：有人宇宙開発の道のり 上．産経新聞．2009.08.03, 3 面

(3)　宇宙開発と国益を考える研究会編．宇宙開発と国益を考える研究会～アジア太平洋戦略～報告書．第 3 章 宇宙外交．日本宇宙フォーラム，2007, http://www.jsforum.or.jp/technic/pdf/summary.pdf, (参照 2018.01.10)
(4)　寺門和夫．ファイナル・フロンティア：有人宇宙開拓史．青土社，2013.11
(5)　中野不二男．日本の宇宙開発．文藝春秋，1999, p.125-146
(6)　宇宙基地と宇宙利用．日経エアロスペース別冊，日経 BP, 1984, p.16-99
(7)　堀川康他．国際宇宙ステーション日本実験モジュール「きぼう」の全貌：第 1 回，第 2 回．日本航空宇宙学会誌．2001
(8)　国際宇宙ステーション「きぼう」で始まる日本の宇宙世紀．エンジニア Type．キャリアセンター社，2001.01
(9)　「きぼう」から未来へ - 有人宇宙開発の道のり一上．産経新聞．2009.08.03
(10)　月，火星へのステップに，毎日新聞．2008.01.06

第三章「きぼう」の開発

(1)　堀川康他．国際宇宙ステーション日本実験モジュール「きぼう」の全貌 第 1 回, 第 2 回, 第 6 回, 第 7 回, 第 9 回, 第 11 回, 第 12 回．日本航空宇宙学会誌，2001-2002
(2)　堀川康．国際宇宙ステーション計画の現状と課題．無重量セミナー講演資料，2012.12
(3)　寺門和夫．ファイナル・フロンティア：有人宇宙開拓史．青土社，2013.11
(4)　白木邦明．特集「きぼう」ははるか．NTT Advanced Technology Press, 2001.01.14, p.1-8
(5)　ISS 計画縮小へ．朝日新聞．2005.10.03
(6)　宇宙基地と宇宙利用．日経エアロスペース別冊．日経 BP, 1984, p.16-99
(7)　青木伊知郎，竹下博他．乗り物における空調設備 6 国際宇宙ステーションの空調設備．建築設備と配管工事．2006.03, p.74-77
(8)　宇宙への夢実現に挑戦．QC サークル．日科技連，2001.01, p.10-13
(9)　宇宙ステーションのつくり方．SCIaS. 1998.06.05, p.40-53

第四章「こうのとり」の開発

(1)　河野功，杢野正明．ETS-7「おりひめ」「ひこぼし」10 年後の評価 ETS-7 ランデブ・ドッキング実験の再評価 . 日本航空宇宙学会誌．2008, p.291-297
(2)　佐々木宏，虎野吉彦他．特集 宇宙ステーション補給機（HTV）第 1 回，第 3

参考文献

第一章 国際宇宙ステーション前史

(1) 浜田ポレ志津子．欧州の宇宙輸送の発展，3 ポストアポロ計画への参加交渉．宙の会ニュースレター．宙の会，2015-08-19, http://www.soranokai.jp/pages/yusokei_Europe_9.html，（公開終了）
(2) 永井雄一郎．「宇宙開発と公共政策」講座（第 2 講）．東京大学公共政策大学院，2013.10.21, http://www.spacepolicy-u-tokyo.org/H25 講座資料，（公開終了）
(3) 堀川康．国際宇宙ステーション日本実験モジュール「きぼう」の全貌 第 1 回．日本航空宇宙学会誌．2001.08
(4) 中野不二男．日本の宇宙開発．文藝春秋，1999
(5) 斉藤勝利，吉村善範他．宇宙にかけるきぼう：国際宇宙ステーション計画参加活動史．JAXA 特別資料，ISSN1349-113X, JAXA-SP-10-007, 2011.02, https://repository.exst.jaxa.jp/dspace/handle/a-is/19888，（参照 2018.01.10）
(6) 堀川康．国際宇宙ステーション計画の現状と課題 . 無重量セミナー講演資料，2012.12
(7) 高橋団吉．新幹線をつくった男 島秀雄物語．小学館，2000.04
(8) アメリカ自然歴史博物館のニール・タイソン氏の宇宙探索を続けるべき理由．朝日新聞．2012.04.11, http://www.asahi.com/international/fa/TKY201204100069.html，（公開期間終了）
(9) 松浦晋也．スペースシャトルの落日．エクスナレッジ，2005, p.178-181
(10) 宇宙基地と宇宙利用．日経エアロスペース別冊．日経 BP, 1984, p.16-99
(11) 宇宙開発と国益を考える研究会編．宇宙開発と国益を考える研究会〜アジア太平洋戦略〜報告書．第 3 章 宇宙外交．日本宇宙フォーラム，2007, http://www.jsforum.or.jp/technic/pdf/summary.pdf，（参照 2018.01.10）
(12) 大澤弘之監修．日本ロケット物語：狼煙から宇宙観光まで．三田出版会，1996, p.160-162

第二章 史上初の大規模国際共同プロジェクト

(1) 斉藤勝利，吉村善範他．宇宙にかけるきぼう：国際宇宙ステーション計画参加活動史．JAXA 特別資料，ISSN1349-113X, JAXA-SP-10-007, 2011.02, https://repository.exst.jaxa.jp/dspace/handle/a-is/19888，（参照 2018.01.10）
(2) 狼嘉彰，冨田信之他．宇宙ステーションと支援技術．コロナ社，2004

【や行】

【ら行】

【わ行】

【欧文】

【な行】

【は行】

【ま行】

【さ行】

【た行】

索引

「きぼう」のつくりかた
国際宇宙ステーションのプロジェクトマネジメント

2018年4月20日　初版第1刷©

著　者　長谷川義幸

発行者　上條宰
発行所　株式会社地人書館
〒162-0835　東京都新宿区中町15番地
電話　03-3235-4422（代表）
FAX　03-3235-8984
郵便振替口座　00160-6-1532
URL　http://www.chijinshokan.co.jp/
e-mail　chijinshokan@nifty.com

印刷所　モリモト印刷
製本所　イマキ製本

Printed in Japan
ISBN978-4-8052-0914-1
